果树科学种植大讲堂

图解核桃良种良法

郝艳宾　齐建勋◎主编

·北京·

图书在版编目（CIP）数据

图解核桃良种良法／郝艳宾，齐建勋主编．—北京：科学技术文献出版社，2013.3（2014.11 重印）

（果树科学种植大讲堂）

ISBN 978-7-5023-7691-8

Ⅰ．①图… Ⅱ．①郝…②齐… Ⅲ．①核桃—果树园艺—图解 Ⅳ．①S664.1-64

中国版本图书馆 CIP 数据核字（2013）第 000383 号

图解核桃良种良法

策划编辑：孙江莉　责任编辑：孙江莉　责任校对：唐　炜　责任出版：张志平

出　版　者	科学技术文献出版社
地　　　址	北京市复兴路 15 号　邮编 100038
编　务　部	(010)58882938，58882087(传真)
发　行　部	(010)58882868，58882874(传真)
邮　购　部	(010)58882873
官 方 网 址	www.stdp.com.cn
发　行　者	科学技术文献出版社发行　全国各地新华书店经销
印　刷　者	北京时尚印佳彩色印刷有限公司
版　　　次	2013 年 3 月第 1 版　2014 年 11 月第 2 次印刷
开　　　本	850 × 1168　1/32
字　　　数	122 千
印　　　张	4.5
书　　　号	ISBN 978-7-5023-7691-8
定　　　价	28.00 元

《图解核桃良种良法》编委会

主编　郝艳宾　齐建勋

编委　吴春林　王维霞　贾永国

陈永浩　董宁光

《果树科学种植大讲堂》丛书

丛书总序

我国果树栽培历史悠久、资源丰富。据统计，2010年全国水果栽培面积已达1154.4万公顷，总产21401.4万吨，无论产量还是面积均居世界首位。我国果品年产值约2500亿元，有9000万人从事果品产业，果农人均收入2778元。果树产业的发展已成为农民增收、农业增效和农村脱贫致富的重要途径之一，是我国农业的重要组成部分。此外，果树产业对调整农业产业结构、推进生态建设、完善国民营养结构，促进农民就业增收具有重要意义。

但由于过去我国农业多以小农经济自给自足形式发展，果树产业受到了一定程度的制约。在管理过程中生产方式传统，技术水平不高，国际竞争力不强，仍然存在未适地适树、重视栽培轻视管理、重视产量轻视质量、盲目密植、片面施肥等突出问题，导致许多果园产量虽高，质量偏差，出口率极低，中低档果出现了地区性、季节性、结构性过剩等问题。特别近几年来，随着人民生活水平的提高，消费者对果品品质、多样化、安全性等提出了新的要求，需要推广优质、安全、高效的标准化生产技术体系，提高果品的市场竞争能力。

本丛书所涉及树种，是我国主要常见果树，大多原产于我国。丛书主要以文字和图谱相结合的形式详细介绍了桃、苹果、梨、杏、樱桃、草莓、核桃、香蕉、龙眼、荔枝、柑橘等主要果树的一些优良品种和相关的高效栽培技术，如苗木繁育技术、丰产园建立、土肥水管理、整形修剪、花果管理、病虫害防治等果树管理技术。本着服务果农和农业科技推广人员原则，丛书内容科学准确，文字浅显易懂，图片丰富实用，便于果农学习和掌握。

本丛书由北京市农林科学院林业果树研究所王玉柱研究员担任主编，负责丛书的整体设计和组织协调。丛书桃部分由中国农业科学院郑州果树研究所王志强研究员组织编写；苹果、梨部分由北京市农林科学院林业果树研究所魏钦平研究员组织编写；杏部分由北京市农林科学院林业果树研究所王玉柱研究员组织编写；樱桃部分由北京市农林科学院林业果树研究所张开春研究员组织编写；草莓部分由北京市农林科学院林业果树研究所张运涛研究员组织编写；核桃部分由北京市农林科学院林业果树研究所郝艳宾研究员组织编写；香蕉、龙眼、荔枝、柑橘等热带果树部分由广东省农业科学院果树研究所易干军研究员组织编写。

由于编者水平有限，书中难免有错误和不足之处，敬请同行专家和读者朋友批评指正！

目录

第一章 概述

核桃是我国重要的传统经济树种之一，栽培历史悠久，分布范围广泛，在国民经济中占有重要地位，特别是在我国广大农村的丘陵山区，是农民的重要经济来源。近年来，核桃的市场行情很好，核桃产量增长较快，市场对核桃的需求量也在迅速增加，核桃价格一直稳步上扬，销售价格已高出美国，这极大刺激了发展这一产业的积极性。随着人们生活水平的提高和保健意识的增强，目前核桃产量还不能满足国内需求，按 2009 年我国核桃产量 91.5 万吨计算，人均核桃产量仅为 0.7 公斤。因此，发展核桃的潜力仍然很大。

一、核桃的经济栽培价值

核桃具有很高的经济价值。首先，从核桃仁的营养成分看，每 100 克核桃仁中含有脂肪 63 克，蛋白质 15.4 克，碳水化合物 10.7 克，以及丰富的维生素 E、核黄素、硫胺素等多种维生素和钙、铁、锌、硒等多种矿质元素。在中国古代，核桃被称为“万岁子”、“长寿果”，在国外被称为“大力士食品”、“浓缩的营养包”。中医认为核桃仁“性温、味甘、无毒”，具有“润肺、益肾、利肠、化虚痰、止虚痛、健腰脚、散风寒、通血脉、补气虚、泽肌肤”等功效（《随息居饮食谱》）。

现代医学营养学研究认为，食用核桃仁具有降血压、降血脂、预防和治疗慢性心血管疾病的作用。美国营养学会 2002 年的一项最新研究报告指出：食用核桃可以明显降低血液中胆固醇的含量，使心脏病的相对危险程度降低 30% ~ 50%，并且不会使人发胖。核桃仁为什么有如此高的营养保健作用呢？从其主要成分分析主要体现在以下几方面：

1.核桃仁中的脂肪酸

脂肪酸是核桃仁中含量最高的营养成分，与其他油脂相比，核桃油中的脂肪酸90%以上为不饱和脂肪酸，其中多数为多不饱和脂肪酸，尤其是亚麻酸（第3个碳上开始有双键，属于ω-3脂肪酸）的含量较高（表1-1）。在日常饮食中，ω-3脂肪酸（亚麻酸）的摄取量比较少。美国加州大学的一项研究结果表明：在日常饮食中，亚麻酸（ω-3脂肪酸）的摄取量增加13%，心肌梗死的危险会降低37%。因此认为核桃仁中的多不饱和脂肪酸，尤其是ω-3脂肪酸在核桃仁的保健功能中起着重要作用。

表1-1　日常食用油脂中脂肪酸的构成(%)

脂肪酸	核桃油*	花生油	大豆油	芝麻油	猪肉脂肪
棕榈酸（16：0）	7	6	11	10	21.8
硬脂酸（18：0）	3	5	4	5	8.9
油酸（18：1,ω-9）	14	61	25	40	53.4
亚油酸（18：2,ω-6,9）	61	22	51	45	6.6
亚麻酸（18：3,ω-3,6,9）	15		9		0.8

*注：数据来源：美国农业部（USDA）营养参考标准数据库（2001/7/14）（引自：www.walnut.org）

那么核桃仁中丰富的多不饱和脂肪酸（亚油酸和亚麻酸）是怎样起作用的呢？亚油酸和亚麻酸只能从外界摄取而不能在体内合成，被称为必需脂肪酸，也称为维生素F。亚油酸和亚麻酸经过人体代谢后分别形成花生四烯酸（ARA）和二十碳五烯酸（EPA）、二十二碳六烯酸（DHA）(图1-1)。目前已证明：ARA除了能转变为调节生理功能的各种前列腺素外，还具有保护胃黏膜、治疗皮肤干癣症、预防脂肪肝、杀死癌细胞等作用；EPA具有降低血脂和血小板凝固的作用，能预防脑血栓、心肌梗死等疾病；DHA具有促进神经系统发育，提高学习记忆力，预防老年痴呆症和癌症等作用。

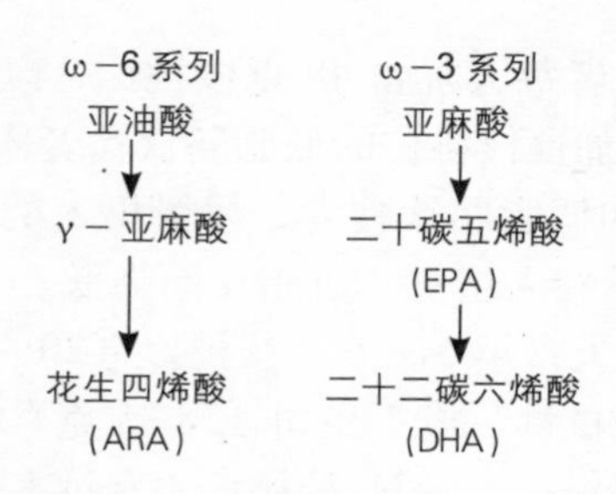

图 1-1　亚油酸（ω-6）和亚麻酸（ω-3）的代谢途径

2. 核桃仁中的氨基酸

核桃仁中含有 18 种氨基酸，其中包括亮氨酸等全部 8 种人体必需的氨基酸和婴儿营养所必需的组氨酸。许多研究表明：较高的精氨酸摄入量和较低的赖氨酸 : 精氨酸比值可以降低患动脉粥样硬化的危险。每 100 克核桃仁中含精氨酸 2278 毫克，含赖氨酸 424 毫克，赖氨酸 : 精氨酸比值为 0.19。与之相比，大豆中赖氨酸 : 精氨酸比值为 0.58 ～ 1，牛奶中赖氨酸 : 精氨酸比值为 2.44。

目前已公认：一氧化氮（NO）是内皮细胞松弛因子，能够松弛血管平滑肌，抑制血小板凝聚和黏附到内皮细胞上；NO 也是神经传导的逆信使，在学习和记忆中发挥着重要作用。而精氨酸正是 NO 合成的前体，在 NO 合成酶的催化下生成瓜氨酸和 NO。

3. 核桃仁中的抗氧化活性物质

有实验检测了 119 种水果、蔬菜、干果、谷物等日常食用植物新鲜可食部分的抗氧化活性物质的含量，结果表明：核桃仁中的抗氧化活性物质含量远大于其他干果和绝大多数水果，是阿月浑子（开心果）的 43 倍、杏仁的 70 倍、板栗的 91 倍。核桃仁中含有大量的鞣花酸等多酚抗氧化活性物质（802 毫克 /100 克），并且主要存在于种皮。

关于食用核桃仁有以下几点建议：（1）尽管核桃仁的含热量很高（654 千卡 /100 克），但并不会使人发胖。Almario 等报道，对正常饮食（脂肪占总热量的 31%）和低脂肪饮食（脂肪占总热量的

20%）的高血脂症患者每天加食 48 克核桃仁，以不加食核桃仁为对照，6 个星期后：未加食核桃仁的低脂肪饮食者体重下降；而加食核桃仁的正常饮食者和低脂肪饮食者，尽管摄入的总热量分别增加了 20% 和 23%，但体重并未增加，血脂反而降低。（2）关于核桃仁的食用量，一般认为每天食用 5 ～ 6 个核桃，约 20 ～ 30 克核桃仁为宜。国外认为每天“一把核桃”或 1 盎司（28.35 克）核桃仁，每周 5 天，就能起到很好的保健作用。（3）核桃仁不宜过多食用，逾食易生痰，令人恶心，吐水，吐食。另外，阴虚火旺者、大便溏泄者、吐血者、出鼻血者应少食或禁食核桃仁。

核桃的经济价值还体现在木材等其他方面。核桃木材质地较硬，纹理细致，伸缩性小，抗冲击能力强，不翘不裂，是航空、交通、军工的重要原料。因此，在建园时，从考虑木材收益出发可以将核桃的主干定得高些（图 1-2）。核桃果壳可用于石材打磨，也可制成优质的活性碳用。核桃的树皮、叶子、青皮含有大量单宁，可制取栲胶。中医验方中，核桃青皮叫青龙衣，可治疗一些皮肤疾病和胃神经痛（一定在医生指导下使用）。

图 1-2　核桃高定干树体

二、核桃的栽培现状及发展趋势

（一）我国核桃在世界核桃生产和贸易中的地位

1. 世界核桃主要生产国的栽培面积与产量

核桃是世界性果品，栽培国家多达 50 多个，近年栽培面积与产量都在不断增加。联合国粮农组织数据库资料 2008 年全世界核桃收获面积为 80.56 万公顷，总产量约 215 万吨，平均每公顷产坚果 2668.8 千克（每亩 177.9 千克）。中国核桃产量为 49.9 万吨，占世界总产量的38.5%，是名副其实的第一核桃生产大国。美国产量为30.84万吨，占世界总产量的18.4%。排名前十位的国家还有土耳其、伊朗、乌克兰、墨西哥、印度、法国、罗马尼亚和埃及，见表1-2。

表1-2 2008年10个核桃主产国生产概况

排名	国家	总产（吨）	占世界总产（%）	收获面积（公顷）	单产（千克/公顷）
1	中国	828635	38.5	275000	30132
2	美国	395530	18.4	90246	43827
3	土耳其	170897	7.9	84917	20125
4	伊朗	170000	7.9	65000	26153
5	乌克兰	79170	3.7	14100	56148
6	墨西哥	69620	3.2	57764	12052
7	印度	37000	1.7	30800	12012
8	法国	36591	1.7	17126	21365
9	罗马尼亚	32259	1.5	1726	186900
10	埃及	27000	1.3	5000	54000
	世界	2149990	100.0	805572	26688

数据来源：联合国粮农组织数据库（http://apps.fao.org）

2.世界核桃贸易概况

从产量来看，我国无疑已成为世界第一核桃生产国。但从出口量和出口价格上来看，还远低于美国和世界平均水平（表1-3、表1-4）。以2007年为例，2007年我国核桃总产量为63.0万吨，出口带壳核桃、核桃仁分别为442吨、11092吨，占世界销售量的比例分别为0.325%、6.918%，出口销售平均价格分别为1378美元/吨、4861美元/吨，合计出口量（按2公斤带壳核桃出1公斤核桃仁计算）仅占我国核桃总产量的3.6%左右。同年，美国出口带壳核桃、核桃仁分别为5.96万吨、5.8万吨，占世界销售量的比例分别为43.81%、36.2%，出口销售平均价格分别为2197美元/吨、5405美元/吨，合计出口量占本国核桃总产量（29.76万吨）的59%。由此可见，我国核桃在世界贸易中仍处于劣势地位。这反映了我国核桃的栽培条件、品种化程度、管理水平都较差，也正是我们需要努力的方面。

表 1-3　2007 年 5 个主产国带壳核桃进、出口情况

	出口量（吨）	出口值 (1000 美元)	进口量（吨）	进口值(1000 美元)
中国	442	609	2006	2462
美国	59625	130983	2	3
伊朗	81	147	0	0
土耳其	0	0	8557	15405
乌克兰	6379	7400	0	0
世界	136099	331084	108072	297335

数据来源：联合国粮农组织数据

表 1-4　2007 年 5 个主产国核桃仁进、出口情况

	出口量（吨）	出口值 (1000 美元)	进口量（吨）	进口值(1000 美元)
中国	11092	53923	3711	14703
美国	58009	313557	1231	3212
伊朗	59	250	0	0
土耳其	588	4316	7662	43325
乌克兰	9519	36742	21	202
世界	160334	894671	128109	763660

数据来源：联合国粮农组织数据

（二）中国核桃生产现状

我国核桃栽培历史悠久，种质资源丰富。在我国栽培的核桃主要有核桃和铁核桃 2 个种，其中铁核桃主要分布在西南云、贵、川等地。从核桃栽培的行政区看，主要有辽宁、天津、北京、河北、山东、山西、陕西、宁夏、青海、甘肃、新疆、河南、安徽、江苏、湖北、湖南、四川、贵州、云南、西藏等省、市和自治区。另外，浙江、安徽等地山核桃也有一定分布和栽培。

1. 我国核桃产量与分布

建国后，尤其是近十余年来，我国核桃产业发展较快，总产量从 1961 年的 4 万吨迅速提高到 2009 年的 91.5 万吨，与 1961 年和 1980 年相比，2009 年总产量分别提高了 21.9 和 7.7 倍。这反映了我国农业产业结构有了较大的调整，农民发展核桃的积极性和管理技术水平都有了较大提高（见表 1-5）。

表 1-5　1961–2009 年中国核桃产量统计表

年份	产量（吨）	年份	产量（吨）	年份	产量（吨）
1961	40000	1996	237989	2003	393529
1965	48000	1997	249834	2004	436862
1970	51000	1998	265121	2005	499074
1975	65000	1999	274246	2006	475455
1980	119000	2000	309875	2007	629986
1986	136335	2001	252347	2008	828635
1991	149560	2002	340147	2009	915000

从我国核桃分布及产区来看，2009 年我国核桃产量在 10 万吨以上的省份依次是云南、新疆、四川，三地产量占全国的 45%，产量在 5 万吨以上的省份主要有陕西、河北、山西、辽宁等 (表 1-6)。近几年，受市场引导和政策扶持，许多适宜核桃栽培的省份发展极为迅速，在今后几年各地产量和排名会有较大变化。

表 1-6　2009 年主产省、市、区核桃产量及份额

省、市、区	产量（万吨）	份额（%）	省、市、区	产量（万吨）	份额（%）
云南	19.1213	19.61	河南	4.4816	4.60
新疆	12.424	12.74	浙江	2.0731	2.13
四川	12.3683	12.68	北京	1.5808	1.62
陕西	8.9648	9.19	安徽	1.5317	1.57
河北	7.0518	7.23	贵州	1.3546	1.39
山西	7.0399	7.22	吉林	1.1861	1.22
辽宁	6.7845	6.96	重庆	0.899	0.92
山东	4.8242	4.95	湖南	0.5158	0.53
甘肃	4.8184	4.94	湖北	0.4951	0.51

2. 栽培品种及分布

我国栽培核桃分实生核桃和品种核桃两大类。目前，实生核桃的比例仍较大。近 10 多年来新栽植的核桃大多为优良品种，受良种苗木制约，也有许多为实生苗建园。从产量来看，实生核桃产量约占总产量的 2/3；品种核桃产量约占总产量的 1/3。

我国核桃品种分两大类：即早实型核桃和晚实型核桃，品种分布与品种选育地（引种地）有着紧密的关系。如新疆自治区栽培的主要

品种为扎343、温185、新早丰、新新2等；华北西北地区各省栽培的品种主要有辽宁1号、辽宁7号、中林1号、中林3号、中林5号、香玲、元丰、薄壳香、北京861、薄丰、西扶1号、西林2号等早实型品种和晋龙1号、晋龙2号、礼品1号、礼品2号、清香、西洛1号、西洛3号、京香1号、京香2号、京香3号等晚实型品种；云南、贵州等地栽培的品种主要有云新1号、云新2号等早实型品种和大泡核桃、三台泡核桃、漾江1号等晚实型品种。

3. 栽培品种与密度

我国栽培的品种主要是20世纪90年代以来培育出的品种，分早实型品种和晚实型品种。早实型品种结果早，嫁接苗当年可开花结果，早期丰产性强，对土肥水管理、树体修剪、病虫害防治等栽培条件要求较严格，栽培密度较大，一般为(3 ~ 4)米 ×(4 ~ 6)米；晚实型品种相对结果晚，嫁接苗3~5年开始结果，早期丰产性较差，对土肥水等管理条件要求不太严格，结果生命较长，抗病性较强，栽培密度较小，一般为(4 ~ 6)米 ×(5 ~ 8)米。我国核桃品种的出仁率较高，一般为50% ~ 65%，壳较薄，有些品种缝合线结合较松，不易保存。栽培管理较好的情况下核桃品质较好，取仁容易，很受消费者欢迎。

4. 核桃园管理与经济效益

我国核桃栽培历史悠久，传统的果粮间作或地埂核桃栽培，形成了粗放管理，重种地轻管树。但过去用种子繁殖的晚实型核桃树寿命较长，病虫害较少，而且老树更新能力强，虽然结果较晚，但进入盛果期后仍有较好的经济收益。百年生单株核桃产量可达50~100公斤，经济寿命长达300多年。

进入21世纪以来，我国在20世纪90年代建立的规范化核桃品种园陆续开始结果，对核桃园的管理比较重视，经济效益显著。如早实品种矮化密植园，由于结果早，丰产性较强，即从第3年开始结果，第4年可株产1 ~ 2千克，6年生可株产3 ~ 6千克，10年生树可株产6 ~ 10千克。盛果期核桃园可达到亩产量200 ~ 300千克，产值达 6000 多元。投入一般为产出的 30% 左右。有些核桃园管理粗放，投入不够，致使优良品种的特性得不到表现，树势逐渐减弱，有些成为小老树，影响了核桃园的可持续发展，这应当引起栽培者的高度重视。

5. 栽培管理体制与栽培模式

我国核桃栽培管理体制从 1978 年开始有了新的改变，特别是进入 21 世纪以来，一些较大的公司、个体专业户开始承包土地和荒山，规模较大，从几十公顷到上千公顷，在技术和资金方面也很重视，规模和效益在不断增加；栽培模式多集中于集约化经营，一些核桃基地县在整体规划中安排了一定面积的林粮间作。由于核桃新育成的品种，经济效益较以往明显增加，许多果园栽植密度较大，一般株行距为 (3 ～ 5) 米 ×(4 ～ 6) 米。

（三）我国核桃生产发展趋势

1. 栽培体制集约化

20 世纪 90 年代以来，农民在自己的土地内建起了核桃品种园，由于我国农村人口多，土地少，核桃园面积很小，而且农户之间不完全连接，栽培很分散，栽植方向、密度、品种选择等均不规范，这给核桃园的科学管理带来很大不便，小农户与大市场之间的矛盾日益突出。所以说今后我国核桃栽培体制的改革趋势是土地集中化。核桃产区通过组建合作社、公司 + 农户、专业户土地承包等各种形式使土地集中管理，统一规划栽植、统一经营管理来提高核桃的经营效益。

2. 栽培品种良种化

我国核桃良种选育从 20 世纪 50 年代开始，经过大范围资源普查，长期多次选优与杂交，截止目前为止，我国通过省级以上科技部门鉴定和审定的核桃品种有 100 余个。大约 80% 为早实型品种，20% 为晚实型品种。由于核桃的繁殖技术在 20 世纪末才得以攻克，所以核桃的无性繁殖后代出现较晚，数量较少，进入 21 世纪初才加快良种化的步伐。我国核桃品种经过从无到有，由少到多，由多到少的过程。目前我国大量栽培的品种为 20 多个。在一个地区主栽品种应当为 6 ~ 8 个。栽培品种良种化是指在一定的立地条件下栽培表现最佳的品种。良种具有地区性和时间性。如在平川栽培是优良品种，而在山区就不一定是良种，相反适宜山区栽培的良种在平川也不定是良种；早期选育的品种到现在不一定是良种。各地应根据当地的条件选择不同类型条件下栽培的优良品种。

3. 栽培条件严格化

良种良法是科学栽培的必然要求。栽培条件要严格化是指优良品种一定栽到适合其生长的地方。我国从本世纪大量栽培优良品种以来，核桃产业的发展势头十足，但是也出现了一些不可忽视的问题，如品种混杂、草率建园等等。这里提出栽培条件严格化是非常重要的，近年来不适地适栽的情况到处可见，如将核桃栽在山头上和风口处，适宜水浇地栽培的品种栽在干旱半干旱丘陵区等等。由于不能正确选择立地条件，致使不能适龄结果或品种优良特性得不到应有的表现，甚至出现小老树和早期死亡。因此，严格栽培条件至关重要。

4. 栽培管理标准化

我国核桃栽培的管理趋势是标准化。过去我们在管理方面十分粗放，科技培训较少，核桃商品率很低，影响了农民发展核桃产业的积极性。近年来我国加强了标准化工作，先后颁布了若干个国家标准、行业标准和地方标准，这对我国核桃产业的发展十分有利。希望各地在技术培训时注重标准化工作的实施，把各类核桃标准作为培训教材或资料。这样可使全国的技术指导有章可循，有利核桃产业的健康发展。

5. 质量标准国际化

我国进入 WTO 以来，对各类产品的生产提出了较高的要求，核桃商品走国际化道路也是必然趋势。过去我国核桃一直是出口创汇商品，近年来，由于内需较大，出口数量有所下降。随着核桃产业的不断发展，产量和品质将会不断提高，产量的提高更加要求质量标准化，而质量的标准化是建立在核桃园标准化管理基础之上的。因此，要实现核桃质量标准达到国际化不是轻而易举的事情，集约化大规模生产与传统的小农经济具有本质的区别，各地应当高度重视，系统管理。

三、发展建议

1.选择适宜的优良品种、立地条件和栽培模式

早实核桃品种结果早、前期产量高，但抗病、抗寒性较晚实核桃差，管理成本较高；晚实品种结果晚、前期产量低，但抗病、抗寒性较强，管理成本低。核桃一般要选择土层厚度在50厘米以上、有水浇条件的浅山、丘陵和平原地区。分不同情况可选择不同的品种和栽培模式。

(1) 在立地条件较好情况下，若有精力和财力进行较精细管理，可选择早实核桃品种进行密植栽培，株行距一般为(4 ~ 5)米 ×(5 ~ 6)米；若想投入相对较少的精力和财力进行较粗放管理，可选择晚实核桃品种进行稀植栽培，株行距一般为6米 ×(6 ~ 8)米；若实行果粮间作，株行距一般为(8 ~ 10)米 ×(10 ~ 15)米。

(2) 在立地条件较差情况下，一般要选择晚实核桃品种，株行距一般为(5 ~ 6)米 ×(5 ~ 6)米。

(3) 若立地条件很差（土层最少有30厘米，能浇水但浇水不方便）情况下，需进行扩穴（深80厘米、直径100厘米）、换土，改良定植穴后，再定植晚实品种，株行距一般为(5 ~ 6)米 ×(5 ~ 6)米。也可选择直播晚实核桃的种子，1 ~ 2年后再改接晚实品种。

2.增加投入，提高管理水平

核桃属于干果，与鲜果相比具有管理相对简单等优点，但也不能轻管或不管。目前国内许多核桃园普遍存在着重栽轻管甚至不管的现象，造成效益低下。优良品种需要较精细的栽培管理，否则良种的优势很难发挥，避免“投入少——效益低——投入少”的恶性循环。

3. 建立合理的组织和营销模式

目前，国内核桃多为农户小规模种植，存在小农户与大市场的矛盾。在市场经济条件下，要想进一步提高核桃的经济效益，就要有合理的组织和营销模式。例如在营销环节，质量参差不齐的核桃坚果一般在 30 ~ 40 元 / 公斤，经过标准遴选的优质坚果一般在 60 ~ 80 元 / 公斤，精品坚果价格更是达到 100 元 / 公斤以上，而剔出的劣质坚果可以取仁、榨油等，实现 1 + 1 + 1 >>3 的增效。

近年，在政策扶持和市场引导下，许多“核桃专业合作社”、“公司 + 农户”等组织和营销模式有很大发展，又还创立了自己的品牌，在一定程度上降低了市场风险、提高了经济效益。

随着社会发展，核桃的集约化种植发展较快，许多经营规模在千亩甚至万亩以上的公司不断涌现。建议有规模、有实力的公司，根据国内实际，引进吸收国外先进的经营和管理模式，如美国的核桃采后处理和烘干，从采收到干果上市只需 7 ~ 10 天（图 1-3）。

图 1-3　美国核桃采后处理

第二章 种类与优良品种

一、分布与起源

核桃属属于被子植物门双子叶植物纲胡桃科，是一个欧洲、亚洲和美洲间断分布的属，约有23个种，分4个组（图2-1），核桃组和核桃楸组分布于欧亚，黑核桃组和灰核桃组分布于北美到南美（路安民，1982）。

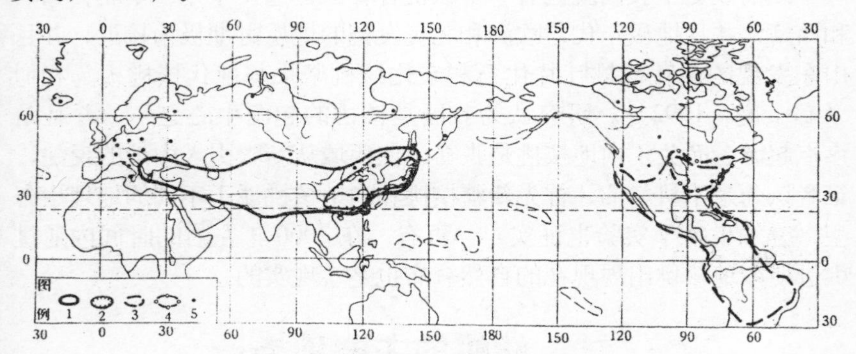

图2-1　核桃属各组资源的分布

1. 核桃组　2. 核桃楸组　3. 黑核桃组　4. 灰核桃组　5. 核桃属的化石分布

核桃组有2种，包括核桃和铁核桃两个种。其中，核桃主要从欧洲东南部通过西亚、中亚、喜马拉雅分布到东亚。铁核桃分布喜马拉雅东南部和云南、贵州和四川西部。核桃和铁核桃是核桃属中最有经济价值和栽培价值的两个种。

核桃楸组有4种和1种间杂交种，包括核桃楸、野核桃、麻核桃、心形核桃和吉宝核桃。其中，核桃楸主要分布于华北北部到东北至朝鲜北部。麻核桃是核桃楸与核桃的种间杂交种，主要分布于华北北部有核桃和核桃楸混生的地区。野核桃主要分布在中国亚热带地区山区。吉宝核桃和心形核桃主要分布于日本。

黑核桃组有 16 种，主要包括东部黑核桃、北加州黑核桃、小果核桃和魁核桃等。其中，东部黑核桃的经济价值最高，坚果在黑核桃组中最大，木材最优良，为上乘家具用材和胶合板材，广泛分布于美国东半部和加拿大南部。北加州黑核桃天然分布在美国加利福尼亚州北部，为美国栽培核桃的主要砧木，具有抗根系腐烂病等优良特性，可做家具用材。小果核桃和魁核桃分布在美国西南部，适应干旱、盐碱土壤。其余种为亚热带树种，分布在拉丁美州，没有人工栽培（奚声珂等，2000）。

关于我国核桃起源，科学考察和地质发掘记载，证明早在 2500 万年以前或更早我国就已有 6 个核桃种存在，遍及华东、华北、西北和西藏，并且地质年代与欧洲和北美发掘的地质时期极为接近，并且山东发现的山旺核桃叶片化石和炭化核桃坚果与现代核桃极为相似（郗荣庭，1992）。研究认为我国是核桃的起源中心之一，并且是多点起源。而关于内地核桃是张骞出使西域从新疆引入内地的说法，笔者认为是不科学的，首先新疆核桃和内地核桃属于不同的地理生态型（分子生物学实验也证实）；再有，在 2000 年左右的时间内通过引进使内地核桃出现现在的自然分布也是不现实的。

二、核桃的主要种类

核桃科共有 7 个属，约有 60 个种。用于栽培的有两个属，即核桃属和山核桃属。

（一）核桃属

核桃属中栽培最多、分布最广的有两个种，即普通核桃和铁核桃，其余有少量栽培和野生，或用作砧木。

1. 普通核桃

又称胡桃、羌桃、万岁子，国外叫做波斯核桃或者英国核桃。世

界各国核桃绝大多数栽培品种均属本种。普通核桃在我国栽培分布很广，以北京、山西、河北、陕西、甘肃、山东、新疆等为集中产地。

图 2-2 普通核桃树体

树为高大落叶乔木，一般树高 10 ～ 20 米，树冠大，寿命长；树干皮灰色，幼树平滑，老时有纵裂。一年生枝呈绿褐色，无毛，具光泽，髓大；奇数羽状复叶，互生，小叶 5 ～ 9 枚，稀 11 枚，对生；雌雄同株异花、异熟；雄花序柔荑状下垂，长 8 ～ 12 厘米，每序有小花 100 朵以上，每小花有雄蕊 15 ～ 20 个，花药黄色；雌花序顶生，雌花单生、双生或群生，子房下位，1 室，柱头浅绿色或粉红色，2 裂，偶有 3 ～ 4 裂，盛花期呈羽状反曲。果实为坚果（假核果），圆形或长圆形，果皮肉质，幼时有黄褐色绒毛，成熟时无毛，绿色，具稀密不等的黄白色斑点；坚果多圆形，表面有刻沟或光滑。种仁呈脑状，被浅黄色或黄褐色种皮。

图 2-3 普通核桃结果状

图 2-4 普通核桃坚果

2. 铁核桃

图 2-5　铁核桃树体

又称泡核桃、深纹核桃、漾濞核桃。铁核桃在西南各地均有分布，为我国第二大主栽种。主要分布在云南、四川、贵州等地，集中分布在澜沧江、怒江、雅鲁藏布江和金沙江流域海拔 600 ~ 2700 地区。在西南地区一般将铁核桃分为泡核桃（出仁率 48% 以上）、夹绵核桃（出仁率 30% ~ 47.9%）和铁核桃（出仁率 30% 以下）三个类型。目前栽培面积最大的是泡核桃，其次是夹绵核桃，铁核桃一般处于野生半野生状态，常用作砧木，有的可做文玩核桃。

落叶乔木，树皮灰色，老树暗褐色具浅纵裂；一年生枝青灰色，具白色皮孔。奇数羽状复叶，小叶 9 ~ 13 枚；雌雄同株异花，雄花

图 2-6　铁核桃结果状

图 2-7　铁核桃坚果

序粗壮，柔荑状下垂，长 5 ~ 25 厘米，每小花有雄花 25 枚。雌花序顶生，雌花 2 ~ 3 枚，稀 1 枚或 4 枚，偶见穗状结果，柱头 2 裂，出时呈粉红色，后变为浅绿色。果实倒卵形或近球形，黄绿色，表面幼时有黄褐色绒毛，成熟时无毛；坚果倒卵形，两侧稍扁，表面具深刻点状沟纹。内种皮极薄，呈浅棕色。喜湿热气候，不耐干冷，抗寒力弱。

铁核桃主要的传统优良品种有漾濞泡核桃、大姚三台核桃、昌宁细香核桃、华宁的大白壳核桃等泡核桃；圆波罗、娘青夹绵、桐子果等夹绵核桃，这些良种构成了云南核桃的主栽品种系列。近年，许多铁核桃良种相继选出，实生选育的良种有“漾江 1 号”、“维西 2 号”等；种内杂交选育的品种有“漾杂 1 号”；铁核桃与新疆早实核桃种间杂交品种有“云新云林”、“云新 301”等。

3. 核桃楸

又称胡桃楸、山核桃、东北核桃、楸子核桃。原产我国东北，以鸭绿江沿岸分布最多，北京、河北、河南、山西也有分布。

落叶大乔木，高达 20 米以上；树皮灰色或暗灰色，幼龄树光滑，成年后浅纵裂。小枝灰色，粗壮，有腺毛，皮孔白色隆起。奇数羽状复叶，小叶 9 ~ 17 枚；雄花序柔荑状，长 9 ~ 27 厘米；雌花序具雌花 5 ~ 10 朵；果序通常 4 ~ 7 果；果实卵形或椭圆形，先端尖；坚果长圆形，先端锐尖，表面有 6 ~ 8 条棱脊和不规则深刻沟，壳及内隔壁坚厚，不易开裂，内种皮暗黄色。有的可做文玩核桃。抗寒性强，生长迅速，可作核桃品种的砧木。

图 2-8　核桃楸树体

图 2-9　核桃楸结果状

图 2-10　核桃楸坚果

4. 麻核桃

又称河北核桃。系核桃与核桃楸的天然杂交种，其种群数量很少，在北京、河北和山西等地有零星分布。本种是 1930 年在北京昌平县（当时隶属河北省）长陵乡下口村采集到，经我国植物分类学家胡先骕教授命名为新种。

图 2-11　麻核桃树体

落叶乔木，树皮灰白色，幼时光滑，老时纵裂。嫩枝密被短柔毛，后脱落近无毛。奇数羽状复叶，小叶 7 ~ 15 枚；雌雄同株异花；雄花序柔荑状下垂，长 20 ~ 25 厘米；雌花序 2 ~ 3 朵小花簇生，每花序着生果实 1 ~ 3 个；果实近球形，顶端有尖；坚果近球形，顶端具尖，刻沟、刻

点深，有 6 ～ 8 条不明显的纵棱脊，缝合线突出；壳厚不易开裂，内隔壁发达，骨质，取仁及难。文玩核桃的上品多出自此种。抗病性及耐寒力均很强。

麻核桃坚果质地坚硬，纹理美观，是揉手健身、进行手疗的佳品，又可雕刻成精美的艺术品，市场需求越来越大，人工栽培也越来越多。近几年，已有麻核桃品种从自然群体中选出，如河北农业大学选出的“艺核 1 号”（2005 年审定，属于“鸡心”类型）、北京农林科学院林业果树研究所选出的“京艺 1 号”（2009 年审定，属于“虎头”类型）、“华艺 1 号”（2009 年审定，属于“狮子头”类型）。

图 2-12　麻核桃结果状

图 2-13　麻核桃坚果

5. 野核桃

又称华核桃、山核桃。分布于甘肃、陕西、湖北、湖南、四川等地。

乔木或有时呈灌木状，树高通常 5 ～ 20 米。小枝灰绿色，被腺毛。奇数羽状复叶，小叶 9 ～ 17 枚；雄花序长 18 ～ 25 厘米；雌花序直立，串状着生雌花 6 ～ 10 朵；果实卵圆形，先端急尖，表面黄绿色，密被腺毛；坚果卵状或阔卵状，顶端尖，壳坚厚，具 6 ～ 8 棱脊，棱脊间有不规则排列的刺状突起和凹陷，内隔壁骨质，仁小，内种皮黄褐色，极薄。可作核桃品种的砧木。

图 2-14　野核桃树体

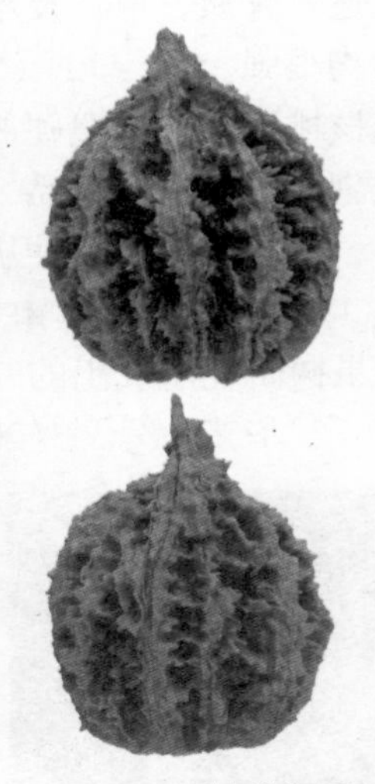

图 2-15　野核桃坚果

6. 黑核桃

也称美国东部黑核桃，原产北美洲，是珍贵的木材树种。木材结构紧密，力学强度高，纹理细腻，色泽高雅，是优质材用树种，尤宜作胶合板材，广泛用于家居装饰业。东部黑核桃树体高大，根深叶茂，抗逆性强，也是理想的农用防护林和城市绿化树种。现在在北京、山西、河南、江苏、辽宁、河南等、直辖市均有引种。

图 2-16　黑核桃树体

高大落叶乔木，树高可达 30 米以上；树皮暗褐色或棕色，沟纹状深纵裂。小枝灰褐色或暗灰

色，具短柔毛。奇数羽状复叶，小叶 15 ～ 23 枚，雄性柔荑花序，长 5 ～ 12 厘米，雄花具雄蕊 20 ～ 30 枚；雌花序穗状簇生小花 2 ～ 5 朵；果实圆球形，浅绿色，表面有小突起，被柔毛。坚果圆形或扁圆形，先端微尖，壳面具不规则的纵向纹状深刻沟，坚厚，难开裂。

图 2-17　黑核桃结果状

图 2-18　黑核桃坚果

黑核桃兼收坚果和木材，而且木材的品质好，尤其是大径优质材，可做胶合板材，价值很高，但这是一项长期投资项目，要在 60 年以上才能培育出这样的优质树（干高在 6 米左右，生长速度中等而且比较一致，故纹理美观，无节疤，通直，色泽好）。东部黑核桃仁的加工产品价格高于普通核桃仁，但因坚果出仁率低，经济效益较差，目前作为果用或果材兼用尚缺少理想品种。

黑核桃也可作为核桃的优良砧木，其坚果亦可把玩，称为“猴头”。

7. 吉宝核桃

又称鬼核桃、日本核桃。本种原产日本，30 年代引入

图 2-19　吉宝核桃（上）和心形核桃坚果（下）

我国，现在辽宁、吉林、山东、山西等省有少量种植。

落叶乔木，高达20～25米；树皮灰褐色或暗灰色，成年时浅纵裂。小枝黄褐色，密被细腺毛，皮孔白色，长圆形，略隆起。奇数羽状复叶，小叶9～19枚；雄花序柔荑下垂，长15～20厘米；雌花序穗状，疏生5～20朵雌花；果实长圆形，先端突尖；坚果有8条明显的棱脊，棱脊间有刻点，缝合线突出，壳坚厚，隔骨质，取仁困难。

8. 心形核桃

图2-20　心形核桃结果状

又称姬核桃。原产日本，30年代引入我国。现在辽宁、吉林、山东、山西等地有少量种植。

本种数目形态与吉宝核桃相似，其主要区别在果实。心形核桃果实为扁心脏形，个较小，刻面光滑，先端突尖，非缝合线两侧较宽，缝合线两侧较窄，其宽度约为非缝合线两侧的1/2。非缝合线两侧的中间各有一条纵凹沟。坚果壳后，无内隔壁，缝合线处易开裂，可取整仁，出仁率30%～36%。

（二）山核桃属

山核桃属有18个种3个变种，价值较高实行人工栽培的仅原产北美的长山核桃（又称薄壳山核桃）和中国山核桃。

1. 山核桃

别名山核桃、山蟹、小核桃。山核桃为中国特产，主产浙皖交界以浙江临安昌华镇为中心的天目山区，包括浙江的临安、淳安、桐庐、安吉，安徽的宁国、和县、盛德、绩溪等县市，地理位置在北纬29°～31°，东经118°～120°狭小地区，总面积近4万公顷，年产量1万多吨，其中临安、宁国、淳安三县市为中心产区。

图 2-21　山核桃树体

山核桃为落叶乔木，最高可达20米左右，树皮光滑，幼时青褐色，老树灰白色。裸芽、新梢、叶背及核果外表均密被橙黄色腺体。奇数羽状复叶；小叶5～7片，卵形或卵状披针形，长10～14厘米，基部楔形，先端渐尖，边缘锯齿尖细，沿中脉有柔毛。雌雄同株异花，雄花为三出柔荑花序，雌花为顶生穗状花序，核果倒卵形，长2.0～2.5厘米，有4棱，外果皮密生黄色腺体，4裂果，果核卵圆形，顶端短尖，基部圆形，壳厚有浅皱纹。

山核桃为重要干果和木本油料树种，其坚果千粒重3040～4425克，出仁率43.7%～54.3%，干仁含油率69.80%～74.01%，为含油率最高的树种之一。山核桃油味清香，颜色淡黄似芝麻油，其脂肪酸组成以油酸、亚油酸等不饱和脂肪酸为主，不饱和脂肪酸含量占88.38%～95.78%，超过油茶、油橄榄等，是易消化和防治高血脂、冠心病的优良食用油。其果肉含有9%左右的蛋白质，17种氨基酸，

图 2-22　山核桃结果状

图 2-23　山核桃坚果

20种矿物元素，特别是钙、镁、钾含量为干果之首。山核桃果肉香脆可口，加工产品有椒盐、奶油、五香等，其仁可制各种糖果糕点，山核桃榨油后的油饼，可做肥料及猪饲料，外果皮可烧灰制碱，为化工医药和轻工业原料。山核桃树形优美，木材坚硬，既是重要的经济树种，又是优良的用材树种，特别适宜在石灰土上生长，是重要的生态经济树种。

现有山核桃林大多数是由野生苗（树）就地抚育而成，实生苗造林要7年以上才能结果，进入盛果期要18年以后。目前，已有山核桃优良品种类型和单株选出，由于大规模无性繁殖技术不过关，至今品种化程度还很低。

2. 长山核桃

别名美国山核桃、薄壳山核桃。原产美国，是当地重要干果。我国云南、浙江等地有引种栽培。

落叶乔木，在原产地最大的树高达55米，胸径2.5米。10年生以上树体老皮呈灰色，纵裂后片状剥落。奇数羽状复叶，每个复叶上有11～17个小叶，互生，长10～18厘米，宽4～6厘米，椭圆状披针形或微弯成镰形，边缘有锯齿。冬芽芽鳞外有灰色柔毛，幼枝有淡灰色毛。雌雄同株异花。雄花着生在柔荑花序上，柔荑花序由一年生枝侧芽形成，每个混合芽有2束花，每束花有2～3个下垂的柔荑花序，每个花序约有110朵雄花，每朵雄花有3～7个花粉囊，每1个花粉囊约有2000粒花粉。雌花着

图2-24　长山核桃树体

生于当年新梢顶端，穗状花序，每穗有雌花 3 ～ 10 朵，雌花的数目与品种及枝条生理状况有关。长山核桃的花为风媒花，多数品种内自花结实。果长圆形，长 3.5 ～ 8 厘米，具纵棱脊，外被黄色或灰黄色腺体鳞，果实成熟时，坚果外的青果皮呈有规则的四瓣裂开；坚果长圆形或长椭圆形，长 2.5 ～ 6 厘米，光滑，淡褐色，具暗褐色斑痕和条纹，壳较薄；仁味美，有香气，品质极佳。

我国的长山核桃首先是在 20 世纪初，由一些传教士、商人、外交使节以及科技人员从美国、法国等地方带入种子，作为观赏树种零星种植在教堂、港口、码头周围。20 世纪 20 ～ 70 年代，一些大学和科研部门的学者以城市绿化、获取木材和坚果为目的，多次从美国引入种子、苗木，先后在江苏南京、浙江杭州、江西九江、福建莆田、北京和安徽合肥等地小面积种植。自 20 世纪 70 年代以来，一些大学和科研部门以获取坚果为主要目的，大规模、系统性地引进无性系品种，建立了长山核桃的基因库、良种采穗圃、品种园和丰产示范园。

1982—1986 年，浙江省科学院亚热带作物研究所联合浙江农学院等单位，对全国 14 个省、直辖市的长山核桃资源进行了调查，初步收集了 70 个良种单株。“八五”和“十五”计划期间，云南省林业科学院开展了长山核桃引种、嫁接苗快速培育技术、容器育苗技术、良种采穗圃快速营建技术、幼树速生早实栽培技术、初盛果树丰产稳

图 2-25　长山核桃结果状

图 2-26　长山核桃结果状

产技术、病虫害防治技术、栽培区划等系统研究。目前长山核桃已在云南省退耕还林、农业综合开发等工程项目中推广，用良种嫁接苗造林 10000 多亩。云南在林业产业发展的长期规划中做出了 10 年内发展长山核桃 20 万亩计划，以培养继核桃之后的干果新产业。

三、核桃的优良品种

我国栽培的核桃主要是核桃属中的核桃和铁核桃 2 个种，其中铁核桃适于亚热带气候，不抗寒，主要分布在云南、贵州、四川西南等地区，本书不介绍。本书所列的核桃为北方种植的普通核桃。

核桃分为早实和晚实两大类型。早实核桃嫁接后 2 ～ 3 年能结果，分枝能力强，幼树新梢生长量大(有二次甚至三次生长，易形成秋梢)，管理不到位幼树易抽条。晚实核桃嫁接后一般需 4 ～ 5 年甚至更长时间结果，分枝能力较弱，幼树新梢生长量较早实核桃小（少有二次生长，一般无秋梢），幼树抗抽条能力强于早实核桃。

(一)早实核桃

1. 薄壳香

来源：北京农林科学院林业果树研究所从新疆核桃的实生后代中选出。

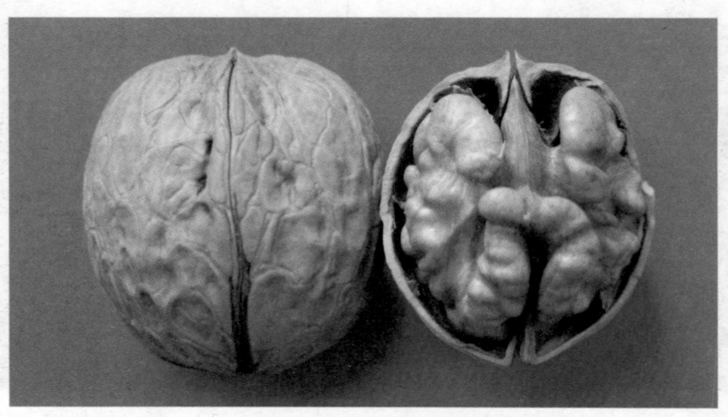

图 2-27　薄壳香坚果

果实经济性状：坚果较大，平均单果重 13.02 克，最大 15.5 克，三径平均3.58 厘米，壳面较光滑，壳厚 1.19 毫米，缝合线紧，可取整仁，出仁率 58%。仁色浅，风味香，品质极佳。

生长和结果习性：植株生长势强，树姿较直立，分枝角 55 度左右，树冠圆头形。侧芽形成混合芽的比率为 70%，侧枝果枝率 23%。嫁接后第二年即开始形成雌花，3 ～ 4 年后出现雄花。每个雌花序多着生 2 朵雌花，坐果率 50% 左右，多单果和双果。属雌、雄同熟型。

评价：该品种抗寒、耐旱、抗病性较强。较丰产稳产，品质极优，适宜土层较厚的山地及平原地区密植栽培。

2. 丰辉

来源：山东省果树所用上宋 5 号（早实）× 阿 9（早实）杂交育成。1989 年鉴定。

图 2-28　丰辉坚果

果实经济性状：坚果长圆形，基部圆，果顶较尖，平均单重 12.2 克，纵径 4.36 毫米，横径 3.13 厘米，壳面光滑，壳厚 0.95 毫米，缝合线较紧，可取整仁，出仁率 57.7%，仁色中，风味香，品质上等。

生长和结果习性：植株生长健壮，树姿开张，分枝角 70 度左右，树冠半圆形，侧生混合芽比率为 88.9%。嫁接后第二年开始形成混合花芽，4 年后出现雄花。每个雌花序着生 2 ～ 3 朵雌花，以 2 朵较多。

坐果率 70% 左右。属雄先型，中熟品种。

评价：该品种较抗寒、抗病，不耐干旱，适应性一般。丰产，品质优良，适宜在肥水条件较好的山地和平原地区集约化栽培。

3. 寒丰

来源：由辽宁省经济林研究所用新疆纸皮核桃实生后代的早实单株 11005× 日本心形核桃种间杂间育成。1992 年定名。

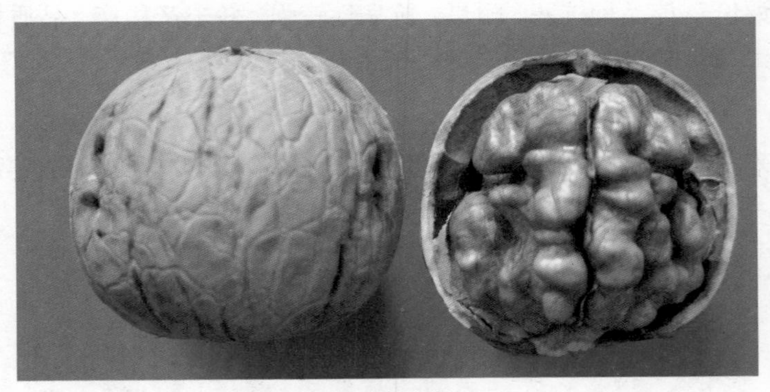

图 2-29　寒丰坚果

果实经济性状：坚果长阔圆形，果基圆，顶部略尖。三径平均 3.76 厘米，平均单果重 14.4 克，属中大果型。壳面光滑，色浅；缝合线窄而平或微隆起，内褶壁膜质或退化，横隔窄。壳厚 1.2 毫米左右。可取整仁或 1/2 仁。出仁率 52.8%。核仁较充实饱满，黄白色，味略涩。

生长和结果习性：树势强，树姿直立或半开张，分枝力强，7 年生树高 4.2 米，平均干径粗 13.6 厘米，冠幅直径 4.1 米，结果枝率 92.3%。每雌花序着生 2 ~ 3 朵雌花，在不授粉的条件下可坐果 60% 以上，具有较强的孤雌生殖能力。多双果。丰产性较强，10 年生株产可达 10.3 千克。属雄先型。

评价：该品种抗病性强，雌花出现特晚，抗春寒。坚果品质优良，连续丰产性强，非常适宜在北方易遭晚霜和春寒危害的地区栽培。

4. 北京 861

来源：北京农林科学院林业果树研究所从由新疆核桃的实生后代中选出。1989 年鉴定。

图 2-30　北京 861 坚果

果实经济性状：坚果中小，圆形，平均单果重 9.9 克，三径平均 3.39 厘米，壳面光滑美观，偶有露仁，壳厚 0.9 毫米，缝合线紧，可取整仁，出仁率 59.39%，仁色浅，风味香，微涩，品质中上等。

生长和结果习性：植株生长势强，树姿较开张，分枝角 65 度左右，树冠圆头形，侧芽形成混合芽的比率为 95%，侧枝果枝率达 85.5%。嫁接后第二年即开始形成雌花，雄花在 3 年后出现。雌花序多着生 2 ～ 3 朵雌花，坐果率在 60% 左右，双果率 74% 左右。属雌先型，早熟品种。

评价：该品种较抗寒、耐旱，抗病，适应性较强。丰产，品质优良，可在我国北方地区矮化密植栽培。

5. 辽宁 1 号

来源：辽宁省经济林研究所用河北昌黎大薄皮晚实优株 10103 × 新疆纸皮核桃早实单株 11001 杂交育成。1989 年鉴定。

果实经济性状：坚果中等大，平均单果重 11.1 克，最大 13.7 克，三径平均 3.3 厘米，壳面较光滑，壳厚 1.17 毫米，缝合线紧，可取整仁，出仁率 55.4%，仁色浅，风味香，品质上等。

生长和结果习性：植株生长中庸，树姿开张，分枝角 70 度左右，树冠呈半圆形。8年生树高4.8米，干径粗14.9厘米，冠幅直径4.3米，分枝462个，最多达710个。侧芽形成混合芽达90%以上。每雌花序着生2～3朵雌花，坐果率60%以上，多双果或3果。属雄先型。

图2-31　辽宁1号坚果

评价：该品种抗寒、耐旱、抗病，适应性较强。丰产优质，坐果过多果实易变小，可矮化密植，集约化栽培。

6.辽宁4号

来源：辽宁省经济林研究所用辽宁大麻核桃×新疆纸皮核桃早实单株11001杂交育成。1990年定名。

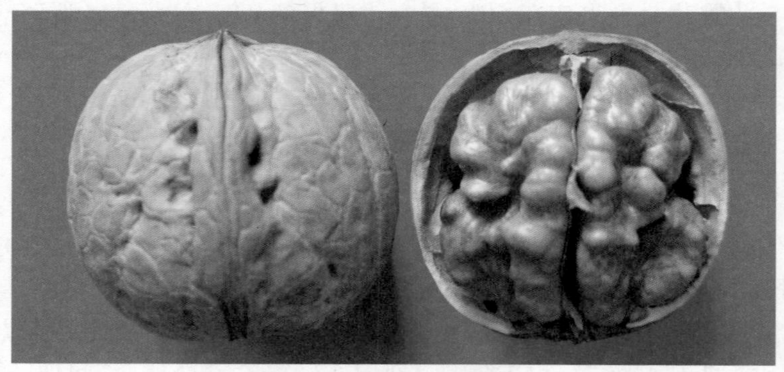

图2-32　辽宁4号坚果

果实经济性状：坚果中等大，平均单果重11.4克，三径平均

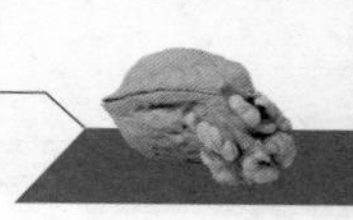

3.4 厘米，壳面较光滑，壳厚 0.9 毫米，缝合线紧可取整仁，出仁率 59.7%，仁色浅，风味香，品质上等。

生长和结果习性：植株生长势强，树枝半开张，分枝角 60 度左右，树冠圆头形。5 年生树高 3.7 米，干径粗 9.4 厘米，冠幅直径 3.4 米，平均分枝 233.7 个，最多达 380 个。侧生果枝率 90% 以上，最高达 100%。每雌花序多着生雌花 2 ～ 3 朵，坐果率 75% 左右，多为双果。属雄先型，晚熟品种。

评价：该品种较抗寒、耐旱，抗病性强，适应性强。丰产、稳产、品质优良，坐果过多果实易变小，可矮化密植，集约化栽培。

7. 辽宁 5 号

来源：由辽宁省经济林研究所用新疆薄壳 3 号的实生早实株系 20905 × 新疆露仁 1 号的实生早实株系 20104 杂交育成。1990 年定名。

图 2-33　辽宁 5 号坚果

果实经济性状：坚果圆形，单果重 10.2 克。壳面光滑，果壳颜色浅。缝合线较宽而平，结合紧密。果壳厚度 1.1 毫米，内褶壁退化，横隔膜膜质，易取整仁，出仁率 54.4%。核仁充实、饱满，颜色浅黄色，味香微涩，坚果品质优良。

生长和结果习性：树势中庸，树姿开张。分枝力强，侧生花芽比率 95% 以上，短枝型。嫁接苗第 2 年出现混合花芽，第 3 年出现雄花，属早实类型。雌先型。每雌花序多着生 2 ～ 4 朵雌花，坐果率 70% 以上，多双果和三果，丰产性强，连续结果能力强。

评价：该品种抗病性、抗寒性、抗旱性较强，耐瘠薄能力一般。丰产、稳产，品质优良，坐果率高，需人工疏果，坐果过多果实易变小，易早衰，适宜土层较厚、肥水条件较好的浅山及平原地区矮化密植栽培发展。

8.辽宁7号

来源：由辽宁省经济林研究所用新疆纸皮早实优株21102×辽宁朝阳大麻核桃（晚实）杂交育成。1990年定名。

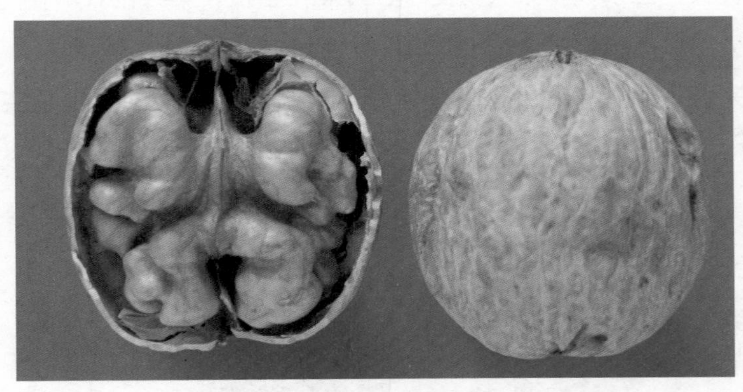

图2-34　辽宁7号坚果

果实经济性状：坚果圆形，单果重10.7克。壳面较光滑，果壳颜色浅。缝合线窄而平，结合紧密。果壳厚度0.9毫米，内褶壁退化，横隔膜膜质，易取整仁，出仁率62.6%。核仁较充实、饱满，颜色浅黄白色，味香不涩，坚果品质优。

生长和结果习性：树势强，树姿较开张。分枝力强，侧生花芽比率90%以上，中短枝型。嫁接苗第2年出现混合花芽，第3年出现雄花。雄先型。每雌花序多着生2～3朵雌花，坐果率60%左右，多双，丰产性强，连续结果能力强。

评价：该品种抗病性、抗寒性较强，较耐瘠薄。丰产、稳产，品质优良，适宜土层较厚的浅山、丘陵及平原地区发展。

9. 鲁光

来源：山东省果树所用卡卡孜（晚实）× 上宋 6 号（早实）杂交育成。1989 年鉴定。

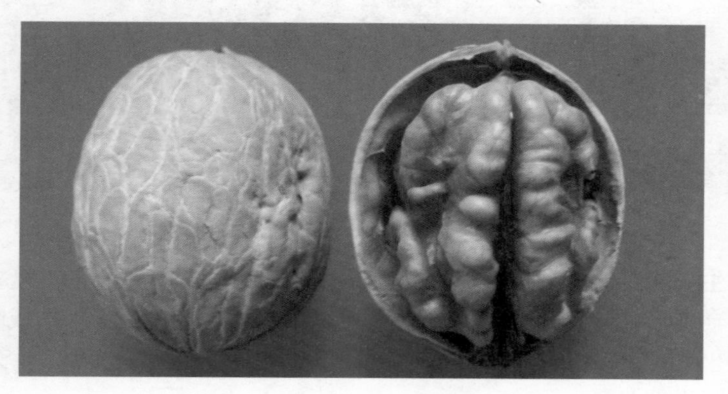

图 2-35 鲁光坚果

果实经济性状：坚果卵圆形，平均单果重 12.0 克，最大 15.3 克，三径平均 3.76 厘米，壳面光滑美观，壳厚 1.07 毫米，缝合线较紧，可取整仁，出仁率 56.9%，仁色浅，风味香，品质上等。

生长和结果习性：植株生长健壮，树姿较开张，分枝角 65 度左右，树冠圆头形，分枝力较强，侧芽混合芽比率为 80.76%。嫁接后 2 年即开始形成混合芽，3 ～ 4 年后出现较多。每雌花序多着生雌花 2 朵，坐果率 65% 左右。属雄先型，中熟品种。

评价：该品种较抗寒，耐旱性差，抗病力中等。较丰产，果形美观，品质优良，适宜在肥水条件好的地方集约化栽培。

10. 绿波

来源：河南省林业科学研究所从新疆核桃实生后代中选出。1989 年。

果实经济性状：坚果长圆形，中等大，平均单果重 10.5 克，最大 13.2 克，三径平均 3.42 厘米，壳面较光滑，缝合线微凸，结合紧密，壳厚 1.01 毫米，可取整仁，出仁率 58.57%，仁色浅，风味香，品质上等。

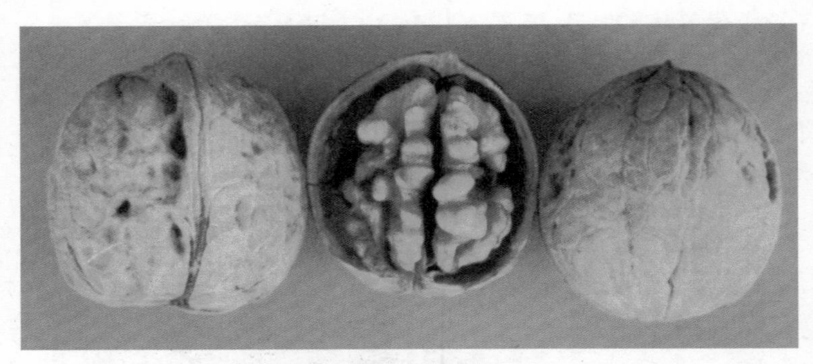

图 2-36　绿波坚果

生长和结果习性：植株生长势强，树姿较开张，分枝角 65 度左右，树冠半圆形。侧芽形成混合芽比率为 80% 以上。嫁接后 2 年形成雌花，3 年出现雄花，每雌花序多着生雌花 2 ～ 3 朵，坐果率 69%，多为双果。雌先型品种。

评价：该品种较抗寒、耐旱，抗病性中等。丰产，优质，适宜在肥水条件较好的地区矮化密植栽培。

11. 温 185

来源：新疆林业科学院从阿克苏地区温宿卡卡孜实生后代中选出。1989 年鉴定。

图 2-37　温 185 坚果

果实经济性状：坚果近长圆形，较大，果基圆，果顶较尖，平

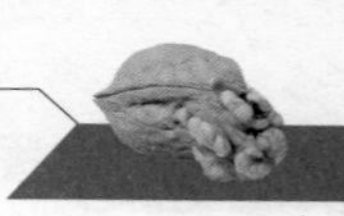

均单果重 15.8 克，三径平均 4.0 厘米，壳面光滑美观，壳厚 0.8 毫米，缝合线较松，可取整仁，出仁率 65.9%，仁色浅，风味香，品质上等。

生长和结果习性：植株生长势较强，树姿较开张，分枝角 65 度左右，树冠半圆形。枝条粗壮，发枝力极强，为 1 ： 4.5；果枝率 100%。嫁接树 2 年生开花，每雌花序着生 1 ～ 4 朵雌花，单果占 31.5%，双果占 31.5%，3 果占 29.6%,4 果占 7.4%。属雌先型。

评价：该品种较抗寒、抗病，适应性较强。丰产，品质优良。适宜在肥水条件较好的地区矮化密植栽培。

12. 元丰

来源：山东省果树研究所从新疆核桃实生后代中选出。1979 年鉴定。

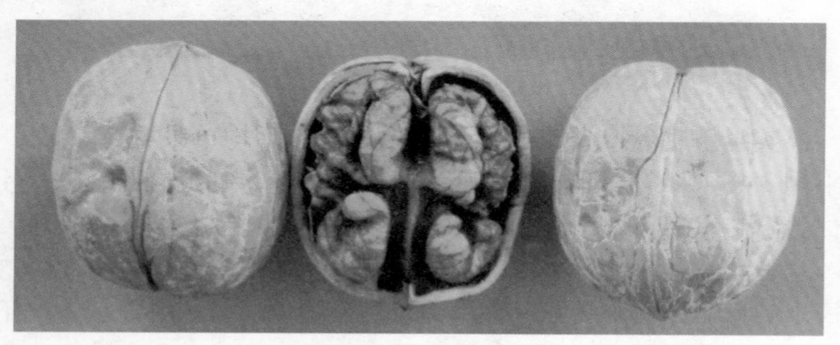

图 2-38　元丰坚果

果实经济性状：坚果卵圆形，侧扁，中等大，平均单果重 12.0 克，壳面光滑，壳厚 1.2 毫米，缝合线较松，可取整仁，出仁率 49.7%，仁色中浅，风味香，品质中上。

生长和结果习性：植株生长中庸，树姿开张，树冠半圆形。分枝力较强，侧生混合芽比率 75.0%。嫁接后 2 年开始形成混合花芽，雄花 3 ～ 4 年后出现。每雌花序多着生 2 朵雌花，坐果率 65% 左右，双果较多。属雄先型。

评价：该品种抗寒、抗病性强。丰产性强，品质优良，适宜在土层较厚、有肥水条件的地区栽培。

13.香玲

来源：山东省果树研究所用早实品种上宋5号×早实品种阿9杂交育成。1989年定名。

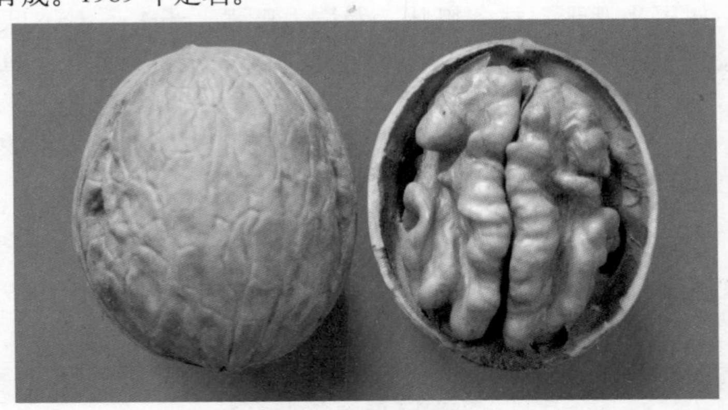

图2-39　香玲坚果

果实经济性状：坚果长圆形，中等大，平均单果重12.2克，三径平均3.4厘米，壳面光滑美观，壳厚0.99毫米，缝合线较松，可取整仁，出仁率57.6%，仁色浅，风味香，品质上等。

生长和结果习性：植株生长中庸，树姿开张，分枝角70度左右，树冠半圆形。分枝力较强，侧生混合芽比率81.7%。嫁接后2年开始形成混合花芽，雄花3～4年后出现。每雌花序着生2朵雌花，坐果率60%左右，双果较多。雄先型品种。

评价：该品种较抗寒，不耐旱，抗病性中等。丰产，果形美观，品质优，适宜在肥水条件较好的地区栽培。

（二）晚实核桃

14.晋龙1号

来源：山西省林业科学研究所从汾阳晚实核桃群体中选出。1991年定名。

果实经济性状：坚果较大，平均单果重14.85克，最大16.7克，

图 2-40　晋龙 1 号坚果

三径平均 3.78 厘米，果形端正，壳面较光滑，颜色较浅，壳厚 1.09 毫米，缝合线窄而平，结合紧密，易取整仁，出仁率 61.34%，平均单仁重 9.1 克，仁色浅，风味香，品质上等。

生长与结果习性：植株生长势强，树姿开张，分枝角 60 ~ 70 度，树冠圆头形。突出的特点是侧花芽（第 3 ~ 8 个）常能开花坐果。六年生嫁接树，树高 3.8 米，冠径 3.0 米 ×3.0 米，分枝力 6.9 个，新梢平均长 22.22 厘米，粗 0.85 厘米，结果株率 58.82%，株均坐果 14 个，单株最高坐果 46 个。每雌花序多着生 2 朵雌花，坐果率 65% 左右，多双果。属雄先型。

评价：该品种抗寒、耐旱、抗病性强，适应性强。丰产性较强，品质优良，可在华北、西北等土层较厚的丘陵、山区栽培。

15. 礼品 1 号

来源：辽宁省经济林研究所从新疆晚实纸皮核桃种子的实生核桃园中选出。1989 年定名。

果实经济性状：坚果长圆形，果基圆，顶部圆并微尖，坚果大小均匀，果形美观。纵径 3.5 厘米，横径 3.2 厘米，侧径 3.4 厘米，坚果重 9.7 克。壳面光滑，色浅。缝合线窄而平，结合不紧密，指捏即开。壳厚 0.6 毫米。内褶壁与横隔膜退化，极易取整仁。核仁充实，饱满，色浅；核仁重 6.74 克，出仁率 70% 左右。风味佳。

生长与结果习性：树势中等，树姿开张，分枝力中等。一般每母枝抽生 1 ～ 3 个结果枝，果枝率 50% 左右。实生树 6 年生或嫁接树 3 年生出现雌花，6 ～ 8 年生以后出现雄花。每雌花序着生 2 朵雌花。坐果率 50% 以上，多为单果和双果。属雄先型。

评价：该品种抗病、耐寒。产量一般，坚果大小一致，壳面光滑美观，取仁极易，出仁率高，适宜北方栽培区发展。

16. 礼品 2 号

来源：辽宁经济林研究所从新疆晚实纸皮核桃实生园中选出。1989 年定名。

图 2-41　礼品 2 号坚果

果实经济性状：坚果大，长圆形，果基圆，顶部圆微尖。纵径 4.1 厘米，横径 3.6 厘米，侧径 3.7 厘米，坚果重 13.5 克。壳面较光滑，色浅。缝合线窄而平，结合较紧密，但指捏即开。壳厚 0.7 毫米。内褶壁与横隔膜退化，极易取整仁。核仁充实饱满，色浅，核仁重 9.1 克，出仁率 67.4%。风味佳。

生长与结果习性：树势中等，树姿半开张，分枝力较强。结果母枝顶部抽生 2 ～ 4 个结果枝。16 年生母树高 6.2 米，干径 24.0 厘米，树冠直径 7.0 米。实生树 6 年生或嫁接树 4 年生开花结果，高接后 3 年结果。每雌花序着生 2 朵雌花，少有 3 朵；坐果率 70% 以上，多双果。属雌先型。

评价：该品种较抗寒、抗病。丰产，坚果大，壳极薄，属纸皮类，品质优，适宜在我国北方核桃栽培区发展。

17.京香1号

来源：北京农林科学院林业果树研究所从北京延庆实生核桃树群体中选出。2009年审定。

图2-42 京香1号坚果

果实经济性状：坚果圆形，平均单果重12.2克，三径平均3.54厘米，壳面较光滑，壳厚0.8毫米，缝合线较紧，易取整仁，出仁率58.8%，仁色浅黄，风味香而不涩，品质优。

生长和结果习性：植株生长势强，树姿较直立，分枝力中等，树冠圆头形，侧芽形成混合芽的比率为30%。高接后第3年出现雌花和雄花。雌花序多着生2朵雌花，坐果率在58%，多双果，有3果。雄先型品种。

评价：该品种抗寒、抗病性强，较耐旱和贫瘠土壤。丰产，连续结果能力强，品质优，适宜北京及生态相似地区稀植栽培。

18.京香2号

来源：北京农林科学院林业果树研究所从北京密云实生核桃树群体中选出。2009年审定。

果实经济性状：坚果圆形，平均单果重13.5克，三径平均3.53

厘米，壳面较光滑，壳厚 1.1 毫米，缝合线紧，可取整仁，出仁率 56.0%，仁色浅黄，风味香而不涩，品质优。

图 2-43　京香 2 号坚果

生长和结果习性：植株生长势中等，树姿较开张，分枝力较强，树冠圆头形，侧芽形成混合芽的比率为 50%。高接第 3 年出现雌花和雄花。雌花序多着生 2 ~ 3 朵雌花，坐果率 65%，多双果，有 3 果，青皮不染手，属“白水核桃”类型。雄先型品种。

评价：该品种抗寒、抗病性强，较耐旱和贫瘠土壤。丰产性很强，连续结果能力强，品质优，适宜北京及生态相似地区密植栽培。

19. 京香 3 号

来源：北京农林科学院林业果树研究所从北京房山实生核桃树群体中选出。2009 年审定。

图 2-44　京香 3 号坚果

果实经济性状：坚果圆形，平均单果重 12.6 克，三径平均 3.46 厘米，壳面较光滑，壳厚 0.7 毫米，缝合线较紧，易取整仁，出仁率 61.2%，仁色浅黄，风味香而不涩，品质优。

生长和结果习性：植株生长势较强，树姿较开张，分枝力中等，侧芽形成混合芽的比率为 35%。高接后第 3 年出现雌花、雄花。雌花序多着生 2 朵雌花，坐果率在 60%，多双果，有 3 果。雌先型品种。

评价：该品种抗寒、抗病性强，较耐旱和贫瘠土壤。丰产，连续结果能力较强，品质优，适宜北京及生态相似地区稀植栽培。

第三章

苗木繁育与高接换优技术

良种是核桃产业发展的基础。近年，我国相继培育了一批丰产、优质的核桃良种，为我国核桃的良种化栽培奠定了良好基础。要实现优良品种的大面积推广，必须有适宜大田应用的繁育技术。20 世纪 90 年代以后，随着核桃芽接技术的日臻完善和推广，核桃良种在生产中得以迅速推广。本章主要介绍核桃嫩枝芽接育苗和大树高接换优技术。

一、砧木品种与选择

砧木应适合当地生态条件，并且与接穗品种有较好亲和力。目前，我国还没有专门用作砧木的核桃品种，砧木苗要靠实生播种获得。

1. 普通核桃

普通核桃在我国栽培分布很广，遗传和生态类型多样，用作核桃良种的砧木时一般选择本地或生态相似区的原生核桃。如在北京培育核桃良种苗木，宜选择北京、山西、河北等地原生核桃树的种子来培育砧木苗。用本砧嫁接核桃良种具有亲和力强、成活率高、接口愈合牢固、生长结果良好等优点。

2. 铁核桃

主要在云南、四川、贵州等地用作铁核桃和核桃良种的砧木。具有亲和力好、耐湿热等特点，但不抗寒，在北方地区不能用。

3. 黑核桃

黑核桃作核桃的砧木，具有较强的亲和力，成活率也较高。目前，国内应用的很少，多处于试验阶段。考虑到黑核桃优良的用材，可培育高干的黑核桃幼树，再高接核桃良种，已实现果实和木材的双收益，有兴趣的种植者不妨一试。国外常用北加州黑核桃和奇异核桃（北加州黑核桃与核桃的杂交种）作砧木，但易感黑线病。

4. 核桃楸

主要分布在我国东北、华北等地。具有根系发达、抗寒、抗旱耐瘠薄等特点，但嫁接成活率和保存率不如核桃本砧，易出现“小脚”现象（即核桃楸长得细而核桃长的粗，图 3-1）。

但在有核桃楸自然分布较多浅山地区，可利用核桃楸幼树（大树不宜改接）改接核桃良种(图 3-2),在不破坏生态的前提下以增加收入。

除此，麻核桃、野核桃也可作为核桃砧木，但在生产中应用很少。

图 3-1　核桃楸嫁接核桃多年后的小脚现象

图 3-2　核桃楸改接核桃第 5 年情况

二、砧木苗的培育

（一）苗圃的建立

1. 苗圃地选择

选择土层深厚、质地疏松的壤土或砂质壤土，pH 值以 6.5 ~ 8.0 为宜；水源充足，有良好的排灌条件，地下水位 1 米以下；地势平坦，交通便利。

2. 苗圃地规划

(1) 苗圃应包括采穗圃和繁殖区。采穗圃各品种定植图应翔实。

(2) 繁殖区应与其他树种合理轮作，繁殖同种苗木至少需间隔 2 ~ 3 年，严忌连作。

(3) 按规划设计出的各区、畦，统一编号，对各区、畦内的品种要认真登记。

（二）实生砧木苗的繁殖

1. 种子采集

采集或选购生长充实、种仁饱满、无检疫对象的核桃坚果用作种子。

2. 种子层积处理

土壤结冻前，选择地势较高、排水良好的阴凉地点，挖深 60 ~ 80 厘米，宽 80 ~ 100 厘米的沙藏沟，长度依种子量而定。

准备湿沙和种子，沙子湿度以手握成团而不滴水，松手后分成几块而不散开为宜，种子沙藏前用清水浸泡 2 ~ 3 天，每天换水。

湿沙和种子备齐后，沟底铺 10 厘米左右的湿沙，然后一层种子一层沙，或将种子与湿沙混匀，种子与湿沙比例为 1 ：(3 ~ 5) 填入坑内至离地面约 10 厘米为止，然后用湿沙填平，再覆土 30 ~ 40 厘米，呈拱形（图 3-3）。

层积时间一般为 90 ～ 120 天。

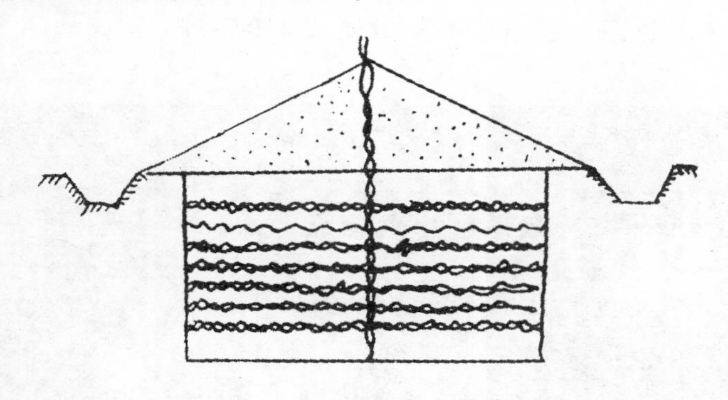

图 3-3　核桃种子沙藏示意图

3. 播种

(1) 播种时间　播种分秋播和春播。秋播在 11 月上旬土壤结冻前进行，秋播的种子播种前用清水浸泡 2 ～ 3 天，每天换水，待种仁充分吸水后即可播种。春播一般在土壤化冻后，3 月中旬至 4 月上旬进行。

(2) 整地作畦　耕翻前施入充分腐熟的优质有机肥 3000 ～ 4000 千克 / 亩*，然后进行耕翻，深 25 ～ 30 厘米，将肥料翻入土内，细致平整，做成宽 1 ～ 1.2 米，长 20 ～ 30 米的畦，南北向、东西排列；播前 2 ～ 4 天灌一遍透水。秋播可播后灌水。

(3) 播种量　每亩需播种 80 ～ 100 千克，可产实生苗 5000 ～ 6000 株。

(4) 播种方法　条播每畦播 2 行，行距 50 ～ 60 厘米，株距 20 ～ 25 厘米，开深 10 厘米的浅沟，在沟内摆放种子，缝合线与地面垂直，果顶同侧摆放（图 3-4），随即覆土 5 ～ 8 厘米，压实。

(5) 播后管理　一般春季播种 20 天左右开始出苗，40 天左右出齐。幼苗出齐前一般不灌水，若土壤特别干旱，也应灌水。对秋播的种子，春季土壤化冻后应灌水。5 ～ 6 月份，结合灌水应追施 1 ～ 2 次尿素，每次 15 ～ 20 千克 / 亩，7 ～ 8 月份注意排涝。做好中耕除

*1 亩≈ 667 平方米

草和病虫害防治。

当年实生苗一般可长 30 ～ 60 厘米（图 3-5）。

图 3-4　核桃种子摆放　　图 3-5　核桃一年生实生苗

三、嫁接及嫁接苗培育

（一）接穗的采集

1. 采集时期

与嫁接时期相同，一般在 5 月下旬至 6 月下旬，采集木质化程度较好的新梢，根据接芽成熟情况分批采集。

2. 采集方法

在新梢基部留 2 ～ 3 片叶短截，剪口距芽 1 厘米，新梢较密时可从基部疏剪。接穗采下后立即去掉复叶，留 2 厘米左右的叶柄，每 30 ～ 50 根打成一捆，标明品种、采集时间、地点和数量。打捆时避免蹭伤接穗表皮，将打好捆的接穗用湿的麻袋片包好备用。

3. 接穗的运输和贮藏

接穗采集后，应在潮湿冷凉的条件下贮运，尽快嫁接。

（二）芽接苗繁育

1. 砧木处理

发芽前，对培育好的砧木苗距地面 1 厘米进行平茬，待苗长至 10 厘米左右时，选留一健壮新梢，其余全部抹掉。

2. 嫁接时期

北京地区，夏季芽接一般在 5 月底至 6 月底进行。

3. 芽接方法

(1) 剪砧　在砧木苗的半木质化部位选取一芽作为嫁接部位，接口芽以上留 1 ～ 2 片复叶剪砧，接口以下叶片全部去除（图 3-6）。

(2) 取接芽　选饱满芽为接芽，在接芽上下距芽 0.75 厘米处横切一刀，并在接芽上下两端刮除表皮，露出韧皮部，在接芽两侧各纵切一刀，深达木质部，然后迅速取下接芽，芽眼要带维管束（护芽肉）（图 3-7）。

图 3-6　剪砧

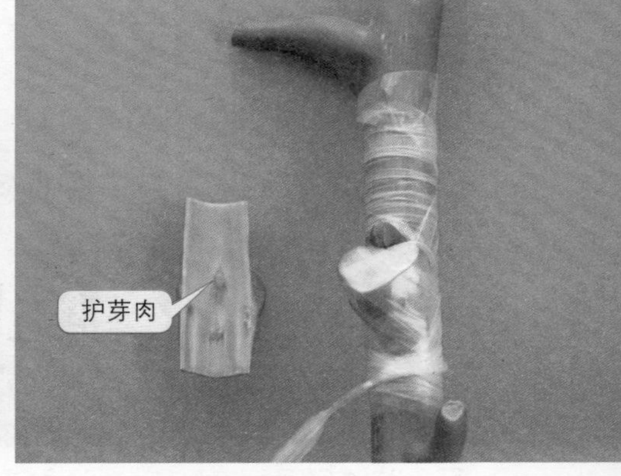

图 3-7　接芽与接口绑缚

(3) 嫁接

方块形芽接：用接芽作比，在砧木的半木质化光滑部位上下各横切一刀，深达木质部，长度与接芽相同，在一侧纵切一刀，将皮层剥开，

放入接芽，根据接芽宽度将皮层撕下，使接芽的上下、左右皮层与砧木皮层对齐。

改良方块形芽接：在砧木的半木质化光滑部位靠上横切一刀，再在下面两侧纵向各切一刀，深达木质，宽度与接芽相同或略大于接芽宽度，形状如同一个“门”字。然后将皮向外撬起，用嫁接刀由下向上将皮削去，不伤及木质，削去皮的长度小于芽片 0.2 ～ 0.5 厘米。将接芽放入，顶端和两侧（或其中一侧）对齐，下边插入砧木皮层。

对芽接：在砧木嫁接部位芽的两侧沿叶柄各纵切一刀，深达木质部，长3厘米左右，然后在芽上方距芽0.5厘米处横切一刀，深达木质部，手捏叶柄将芽掰离木质部，用嫁接刀在叶柄下 0.5 厘米处削去带芽韧皮部，不伤木质。将砧木接口上下皮层撬起，将削好的接芽插入砧木，用砧木皮将接芽上下两边压住，使接芽维管束与砧木芽眼对齐。

(4) 绑缚　用弹性好的塑料条将接口绑紧缠严，芽外露（图 3-8）。

图 3-8　方块形芽接（左）、改良方块形芽接（中）、对芽接（右）的接口

4. 芽接注意的问题

(1) 采用哪种芽接方法应根据接芽情况：若接芽鼓包较大，可选择鼓包相近的节位采用对芽接；若接芽较平，可采用方块形芽接和改良方块形芽接。

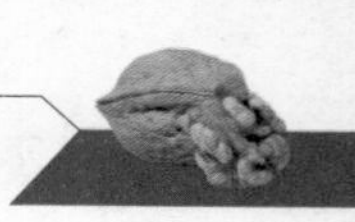

(2) 绑缚用的塑料条弹性要好，厚度在 0.025 毫米为宜，绑缚要严、紧，避免雨水渗入。芽接要避开连续阴雨天，雨后应推迟半天或一天再嫁接。接后遇雨，应检查接口，若有积水或伤流，应解绑放水后重新绑缚。

(3) 嫁接后期如果气温过高（35℃以上），应避开中午前后的高温时段，接口以上可留 3 片叶剪砧，接口下也可留 2 ～ 3 片叶，以降低田间温度。

5. 芽接后的管理

嫁接后要及时抹去萌蘖（图 3-9）。当新梢长出 4 ～ 5 片复叶，便可解绑。解绑要完全，避免残留塑料条。当新梢长到 30 厘米左右时，在接口以上 1 厘米处将保留砧木剪掉。

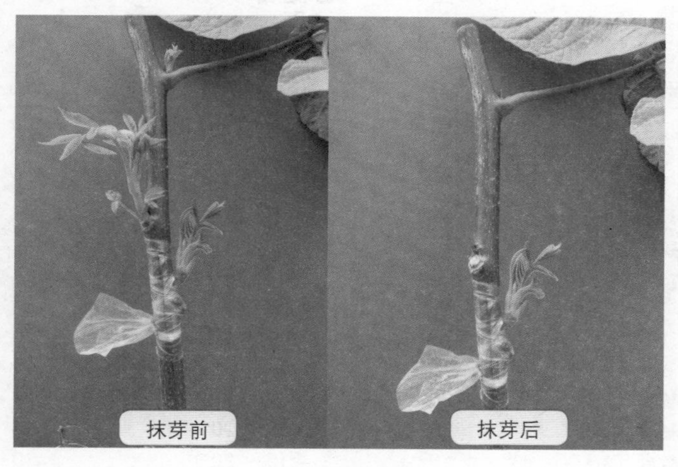

图 3-9　抹芽

四、苗木出圃、分级、假植、包装运输

1. 苗木出圃

落叶后土壤结冻前进行。起苗时要保证主根长度在 25 厘米以上，根系完好（图 3-10）。苗木起出后不能马上运出时，应就地挖一浅沟，

将苗木根部用湿土埋好，减少失水。

图 3-10　机械起苗

2. 苗木分级

对起出的嫁接苗要进行分级，嫁接苗的分级标准见表 3-1。分好级的嫁接苗，每 25 或 50 株打成一捆，填写标签，注明品种、等级、数量、苗龄等，挂在明显处。

表 3-1　核桃嫁接苗质量等级表

项目＼级别	特级苗	Ⅰ级苗	Ⅱ级苗
苗高（厘米）	≥ 100	60 ～ 100	30 ～ 60
基径（厘米）	≥ 1.5	1.2 ～ 1.5	1.0 ～ 1.2
主根长度（厘米）	≥ 25	20 ～ 25	15 ～ 20
侧根长度（厘米）	≥ 20	15 ～ 20	10 ～ 15
侧根数量（条）	≥ 15	15 ～ 20	10 ～ 15

3. 假植

(1) 越冬假植　选择地势较高、排水良好的阴凉地点，挖深 1 米，宽 1.5 厘米的假植沟，长度根据苗木数量而定，苗木数量较多时可挖多条。沟挖好后回填 50 ～ 60 厘米厚的湿沙，沙较干时要喷水，湿度以手握成团不见水，松手可散开为宜。多年使用的假植沟，假植前一周要进行消毒处理，可喷 1000 倍的多菌灵等杀菌剂，药液渗透

20 ～ 30 厘米即可。

假植时，要顺风向假植，先在沟的一头修 30° ～ 45° 斜面，一层苗一层沙，顶盖沙 5 ～ 10 厘米。假植完后，土壤结冻前再覆盖 10 ～ 15 厘米厚的土层或覆盖草栅（图 3-11）。春天转暖后及时检查、出苗，以防霉烂。

图 3-11　核桃苗木越冬假植

(2) 临时假植　将成捆的苗木一排苗一层沙顺风向假植在假植沟内或苗圃地，用湿沙或湿土埋住苗的中下部即可（图 3-12）。若假植时间较长，需用草栅覆盖，在傍晚可喷水保湿。

图 3-12　核桃苗木临时假植

4. 苗木包装运输

苗木要分品种和等级进行包装，一般每 20 ～ 50 株打成一捆，挂号标签，标明品种、数量和等级。对于少量苗木运输，根系蘸泥浆后，用塑料布将根部包好即可；对于大量苗木运输（若是短途运输，可不用蘸泥浆；

若是长途运输则必须蘸泥浆），直接装车后用苫布将整车苗木包严即可；对于邮寄的苗木，则需用塑料布将苗木和适量湿锯末一起包严后（不能有水滴），再用编织袋（或符合邮政要求的其他材料）包好。

苗木运输中最重要的是保湿，途中苫布（或塑料布）一定要包严，防止苗木搜风失水。苗木从假植沟取出到种植，一定要注意苗木尤其是根部保湿。苗木卸车后到定植前，需临时挖坑将苗木根部用湿土埋好，随种随取。

五、 核桃高接换优技术

对 3 ～ 10 年生核桃实生劣树，可采用枝接技术进行高接换优。对于已进入大量结果的核桃散生实生幼树，只要坚果品质不是太差，建议不改接。

（一）接穗的采集与贮藏

1. 接穗的采集

枝接接穗一般在冬初或春季萌芽前采集。选择生长充实健壮、髓心较小、无病虫害、粗度在 1 ～ 1.5 厘米的发育枝，每 30 根打成一捆，标明品种和数量。

2. 穗条的贮藏

冬初采集的接穗应进行越冬低温贮藏。接穗两端蜡封，与湿度为 60% 左右的消毒锯末或细木屑混合，用塑料布打包保湿，贮存在 –3 ～ 0℃的冷库或冷藏箱中。若无低温存贮设备，也可将接穗存于假植沟中（同苗木越冬假植）。早春及时检查，防止温度回升导致接穗发芽或腐烂。土壤解冻后，温度转暖时，及时将假植接穗进行蜡封。

3. 接穗的剪截与蜡封

接穗的剪截长度一般在 15 厘米左右，留 2 ～ 3 个饱满芽，顶芽距剪口 1 ～ 2 厘米，将接穗进行蜡封。

蜡封方法：将石蜡水浴加热至熔化，然后将剪截好的接穗在蜡液

中迅速蘸一下，甩掉多余蜡液，再蘸另一头，使接穗表面包被一层较薄的蜡膜（图 3-13）。

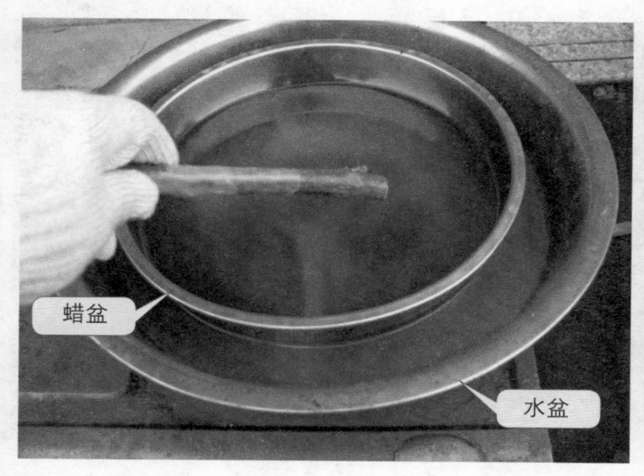

图 3-13　蜡封接穗

4. 接穗的贮藏

接穗蜡封后装箱，覆少量湿锯末或湿报纸，装入塑料袋封口保湿，0 ～ 5℃冷藏。嫁接前 5 ～ 7 天室温下催醒，当皮层与木质离层时即可使用。

（二）嫁接

1. 嫁接时期

在展叶期进行，北京地区一般在 4 月中、下旬。

2. 砧木处理

展叶前，在准备嫁接的部位以上 10 厘米处锯断，嫁接时再往下截 10 厘米，嫁接部位的直径以 4 ～ 7 厘米为宜。

3. 嫁接方法

嫁接方法以“插皮舌接”为最好。嫁接步骤如下：

(1) 放水　在离地面 30 厘米左右的主干上，用手锯分 2 ～ 3 锯螺旋锯一圈，深到木质（将皮层锯透）（图 3-14）。

图 3-14　砧木放水

(2) 嫁接　在砧木嫁接部位截断，削光皮层毛茬。在砧木截口侧面选一通直光滑处，由下向上削去老皮，长 5 ~ 7 厘米，露出嫩皮 1 ~ 2 毫米厚皮层。根据接头粗细情况，一个接头可嫁接 1 ~ 3 根接穗，接穗长度要基本一致。将接穗下端削一长 6 ~ 8 厘米的削面，刀口一开始就向下并超过髓心。用手将削面顶端捏开，使皮层和木质部分离。把接穗木质部插入砧木木质部和皮层之间，使接穗皮层紧贴在砧木皮层的削面上，然后用塑料条将接口缠紧（图 3-15）。

图 3-15　插皮舌接

(3) 保湿处理　用一报纸卷成筒套在接口上，纸筒上部高出接穗顶部 2 ~ 4 厘米，纸筒下部低于绑塑料绳处，再用塑料绳将底部绑好。

然后用细碎的湿润土填满纸筒，并用木棍将接口部位的土插实，然后再用塑料袋自上而下套住，最后用塑料绳将基部扎牢，中间部分也适当绑扎（图 3-16）。

图 3-16　接后保湿

（三）接后管理

1. 除萌

及时去掉砧木上的萌蘖，若接穗死亡，萌芽可保留一部分，以便芽接补救或恢复树冠后再进行改接。

2. 放风

接后 20 天左右接穗开始萌发，当新梢长出土后，可将袋顶部开一口，让嫩梢顶端自然伸出，放风口由小到大，分 2 ～ 3 次打开。当新梢伸出袋后，可将顶部全打开（图 3-17）。若无新梢长出，此时也要将袋打开，将土去除，促使中下部萌芽生长。

图 3-17　放风

3. 绑支柱

当新梢长到 20 ～ 30 厘米时，要将土全部去掉（图 3-18）及时在接口处设立支杆（图 3-19），将新梢牵引绑结在支杆上（先将塑料绳固定在竹竿上，再拢住新梢），随着新梢的加长要绑缚 2 ～ 3 次，防止大风刮断。

图 3-18　解袋

图 3-19　绑支柱

4. 解绑

接后2个月左右，要将接口处的绑绳解掉（图3-20），防止绞缢。

图3-20　解绑

5. 疏花、整形

新梢萌发后若有雌花，及早疏掉。在新梢20～30厘米时，要根据整形需要，疏掉多余新梢枝，尤其是早实品种萌芽率高，同一节位的2个芽往往都能萌发，其他节位的芽萌发良好情况下，一般一个节位留1壮梢即可。长势旺的用于培养侧枝的新梢，可在长至50厘米左右时摘心促分二次枝。8月上旬，对所有未停长的新梢摘心，若再萌发，可抹芽或留1～2片叶再摘。

6. 越冬防寒

主干刷白，1年生枝用“双层包被”法防寒（见第四章），对于接口愈合不好或砧木较粗愈合部分未超过粗度一半时最好用编织袋套住主干和接口，装入湿土至接口以上30～50厘米（图3-21）来进行防寒处理。

图3-21　装土防寒

第四章 优质丰产园的建立

建园是核桃生产中一项重要的基础工作，以适地适树和品种区域化为原则，必须做到科学规划、严格实施。

一、园地的选择

建园前，应对当地气候、土壤、自然灾害，尤其是当地核桃树的生长结果情况及以往出现的问题等进行全面的调查研究，为建园提供依据。重点考虑以下几个方面。

1. 气候条件

建园必须选择核桃适宜的气候带，一般要选择年平均温度9 ~ 16℃，绝对最低气温 −20℃，年降水量 500 ~ 700 毫米，年日照2000 小时以上的地区建园。

我国核桃自然分布广，在没有气候资料情况下可根据“本地有无核桃自然分布或人工种植、共生长结果和生态适应情况怎样？”来判定该地是否适合种植核桃。

2. 土壤条件

核桃喜光，地形应选择背风向阳的山丘缓坡地（坡度要小于10°，若坡度较大而小于 25° 则需修建水土保持工程）、平地及排水良好的沟坪地。

核桃根系庞大，以土质疏松、保水透气性较好的壤土和沙壤土为宜，土层厚度应在 1 米以上（在有好的水浇条件下，土层大于 0.5 米也可建园；若土层 0.3 ~ 0.5 米，则必须进行扩穴改土；土层小于 0.3 米一般不建园）。土壤最适 pH 值为 6.5 ~ 7.5。

核桃对盐碱的抵抗力较差，盐碱地不能建核桃园，土壤含盐量要小于 0.25%。

3. 排灌和环境条件

核桃耐旱、排涝，但不能缺水。一般来说，核桃较耐干燥的空气，但对土壤水分状况比较敏感。地下水位应在地表 2 米以下。土壤水分过多或长时间积水，土壤透气不良会使根系呼吸受阻，严重时窒息、腐烂，甚至导致整株死亡。因此，建园要做到排灌方便，达到旱能灌、涝能排。

周围要无工业废水、废气、过多烟尘等污染。

4. 重茬

核桃连作时，影响其生长结果。若必须种植，可做以下几方面工作减少影响：（1）间作 2 ～ 3 年小麦、玉米等农作物；（2）挖大坑，清除原根系，新定植穴错开原坑并换客土。

在柳树、杨树、槐树生长过的地方栽植核桃，易染根腐病。种植时可参考减轻重茬影响的做法。

二、 果园的规划

包括作业区划分、道路及辅助建筑规划、排灌系统规划、防护林规划、栽植模式、品种选择、栽植密度等，绘出设计平面图。

1. 作业区划分

作业区的划分要与地形、土壤条件、气候特点相适应，与园内道路、排灌及水土保持工程相配合。山地核桃园按自然流域划定作业区面积可大可小，以保持水土为重；平地果园面积一般以 30 ～ 50 亩为宜。

2. 道路及辅助建筑规划

根据果园面积、运输量、机具需要，将道路设置为宽窄不同的级次。各作业区和果园外界要规划主路，宽度一般 6 ～ 8 米；各作业区之间要规划支路，宽度一般 4 ～ 6 米；作业区内根据需要可规划作业道路，宽度一般 2 米左右。

辅助建筑主要包括管理用房、机械、农具、核桃果等的贮藏库及配药池等。房屋、库房要选在靠近主路、地势较高、水源方便的地方。配药池要选在作业中心部位，便于运输作业。

3. 排灌系统规划

灌溉系统提倡滴灌等节水灌溉。山地核桃园应结合水土保持工程修建蓄水池。除了建设灌溉系统外，在地势低洼处或园地四周建立排水系统，以防止雨水过大时导致大面积长时间积水。

4. 防护林规划

防护林可以改善核桃园的生态条件，抵挡寒风侵袭，降低风害，调节果园温湿度，减轻或防止冻害、抽条等，从而实现增产、增效。尤其在自然条件较差的地区，建立防护林尤为重要。

核桃园常选用林冠上下均匀透风的疏透林带和林冠不透风而下部透风的透风林带。若以降低风速 25% 为有效防护作用，防护林的防护范围，迎风面大约为林带高度的 5 ～ 10 倍，背风面大约为林带高度的 25 ～ 60 倍。防护林的宽度、长度、高度，以及防护林带与主要有害风的角度都会影响防护效果和防风范围。

对主要有害风的防护通常采用较宽的林带，称为主林带，主林带要与有害风垂直，宽度一般 20 米左右。垂直于主林带设置的林带，称为副林带，以防护其他方向的风害，宽度一般 10 米左右。在主、副林带间可加设 1 ～ 2 条林带，称折风线，以进一步减低风速。主林带间的距离一般可设为 500 ～ 800 米。

林带常以高大乔木、亚乔木和灌木组成。行距 2 ～ 2.5 米，株距 1 ～ 1.5 米。北方乔木多用杨树（毛白杨、新疆杨、沙杨、银白杨、箭杆杨）、泡桐、臭椿、皂角、楸树、枫树、水曲柳、白蜡等。灌木有紫穗槐、沙枣、杞柳、圣柳等。为防止林带遮阴和树根串入核桃园争夺养分，一般林带南面距核桃树 10 米左右，林带北面距核桃树 20 ～ 30 米。为了节约用地，通常将核桃园的路、渠、库房等与林带

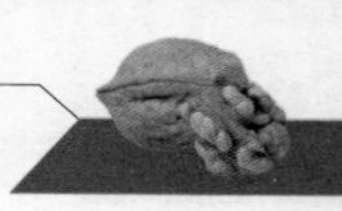

结合配置，或在林带与核桃间适当种植其他作物（以不影响核桃和防护林生长为准）。

5. 栽植模式

分纯核桃园、果粮间作核桃园两种。

6. 品种选择

要选用经省级以上审（认）定的优良品种或优良无性系。平原、浅山丘陵水肥条件好的地区，应以早实核桃品种为主；水肥条件较差的丘陵区和山地应以晚实核桃品种为主，适当选用生长势较强的早实品种。品种选择可参考第二章“品种介绍”。

选择最适合本地条件，品质、产量表现最佳的品种作为主栽品种，授粉品种的品质、产量也应该较好，一个园片可以配置 1 ~ 2 个。主栽品种与授粉品种的比例为（5 ~ 8）：1。主栽品种及授粉品种的选择可参照表 4-1。

表 4-1　主栽核桃品种及适宜授粉品种

主栽品种	授粉品种
香铃 鲁光 辽宁 1 号 元丰 辽宁 4 号 辽宁 7 号	辽宁 5 号 中林 5 号 薄壳香 温 185
辽宁 5 号 中林 1 号 温 185 礼品 2 号 薄壳香	香铃 元丰 辽宁 1 号 辽宁 7 号
京香 1 号 京香 2 号 晋龙 1 号 晋龙 2 号 礼品 1 号	中林 1 号 礼品 2 号 京香 3 号
礼品 2 号 京香 3	京香 1 号 京香 2 号 晋龙 1 号 礼品 1 号

7. 栽植密度

根据品种、立地条件和栽植模式选择。在土壤条件较好情况下，纯核桃园早实品种株行距为 (4 ~ 5) 米 ×(5 ~ 6）米，晚实品种株行距为 6 米 ×(6 ~ 8) 米；果粮间作核桃园早实品种株行距为 (5 ~ 6) 米 ×(10 ~ 12) 米，晚实品种株行距 (8 ~ 10) 米 ×(10 ~ 15) 米。立地条件越差，栽植密度应越大；立地条件越好，栽植密度应越小。

8. 栽植方式

地势平坦的山地和平地宜采用正方形或长方形的栽植方式，地势较陡的山地和零星地块宜采用三角形的栽植方式。

三、栽 植

1. 栽植时期

春栽，在土壤解冻后至苗木发芽前完成，一般栽后能及时浇水的地块多采用春栽。秋栽，在苗木落叶后至土壤封冻前完成，一般在水源不充足而秋末冬初（落叶后）土壤墒情较好的地块多采用秋栽，栽后即使不能及时浇水，由于气温低蒸发量小对苗木影响较小。

2. 整地

平原要在栽植前平整土地，山地和丘陵地要修成梯田或水平阶地。按规划密度定点，挖定植坑（图 4-1），定植坑直径和深度均为 0.8~1 米，回填表土与有机肥的混合物，每个定植坑内混施腐熟厩肥 20 ~ 25 千克，底部可掺入秸秆、杂草等有机物，边回填边塌实，回填至离地面 30 厘米处，然后灌水沉实。水渗后，将土回填至坑满，保证栽苗时根系不直接接触到有机肥，然后准备定植。有条件的地块也可用挖掘机挖定植沟，将土肥混合好后施入沟的中下部，上部回填土，定植时随挖坑随定植（图 4-2）。

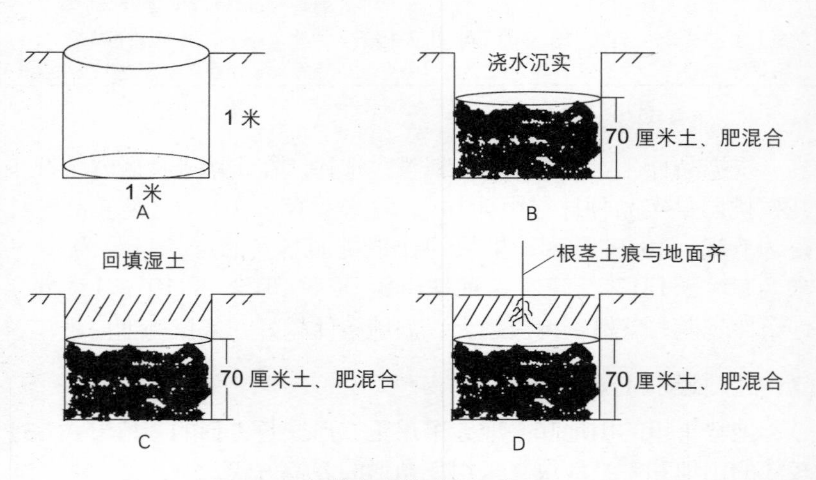

图 4-1　核桃苗定植过程示意图

图 4-2 核桃苗定植沟施肥、混合、回填示意图

3. 栽植技术

(1) 春季栽植技术 栽植前将苗木的主根和较粗的侧根轻剪一斜面，剪除伤残根，露出新茬，有利于发新根。0.6 米以下顶芽饱满的苗子不定干，顶芽不饱满的苗子剪口下留壮芽定干；0.6 米以上的大苗可以定干到 0.6 ~ 1.0 米，剪口下留壮芽，剪口离芽 1.0 厘米左右，然后套上塑料管或缠上塑料条，用塑料条缠时中上部的芽要漏出（图 4-3）。若栽植时期较晚，正值萌芽期，可不套塑料套。根据苗木根系大小挖坑，将苗子放正，根系摆好，回填湿土，塌实，使根颈土痕与地面齐平（图 4-4），不要将苗木栽植过深，过深缓苗慢，树体生长慢。浇透水，水渗后，平整树盘，覆膜。

注意：套塑料管栽植的苗木，萌芽后逐步开口放风，新梢长长后不要一次去袋。

(2) 秋季栽植技术 苗木处理及栽植同春季栽植，不同之处在于：不用套塑料套或缠塑料条，也不用覆地膜，栽后几天土壤开始上冻时，进行埋土防寒。埋土防寒：在树干基部嫁接口的反向培一土枕，然后将主干弯扶在土枕上，用半湿半干土随弯随埋，厚度 30 ~ 40 厘米（见图 4-7）。若树干较粗不易弯倒，可适当斜栽。

图 4-3　核桃苗缠塑料条处示意图

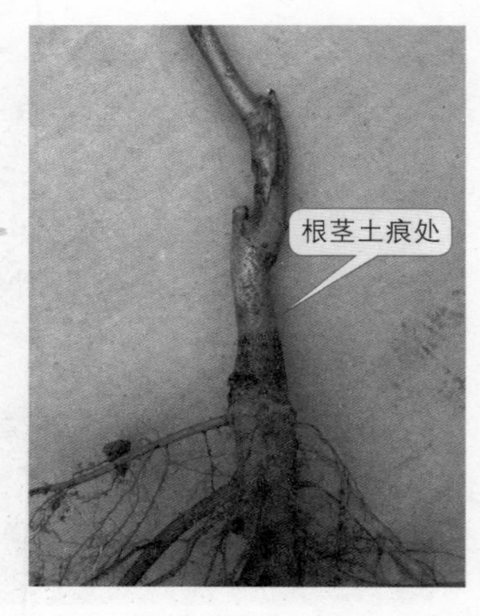

图 4-4　核桃苗根茎土痕处示意图

春季发芽前将苗扒开，扶正，修整树盘，浇水，覆膜。主干用塑料条缠好，中上部的芽要漏出，新梢长到 4 ～ 5 厘米后去除。

注意：切忌苗木栽植过深，过深苗木生长缓慢，易形成小老树。

四、栽后管理

芽萌发后，塑料套管先开洞放风（图 4-5），2 ～ 3 天后去掉。缠塑料条的，应在新梢长到 4 ～ 5 厘米后一次解掉。及时去除雌花和接口下萌发的萌蘖（图 4-6）。

图 4-5　套管萌芽后放风

图 4-6　去除萌蘖

1. 土肥水管理

栽植后雨季前，根据土壤墒情浇透水 1 ～ 3 次。6 ～ 8 月份，可以每隔 15 ～ 20 天喷一次叶面肥（使用方法参考说明书）。

2. 病虫害防治

生长季注意保护叶片不受虫害，发现虫害及时喷药，5 ～ 6 月份注意防治蚜虫，7 ～ 8 月份气候干旱时注意防治红蜘蛛；保护叶片不受病菌的侵染，全年视情况而定喷 2 ～ 3 次杀菌剂，结合治虫 5 ～ 6 月份 1 次，7 ～ 8 月份 1 ～ 2 次。

3. 幼树越冬防寒

由于核桃幼树根系浅，枝条髓心大，在北方比较寒冷和冬春风大的地区容易遭受冻害和抽条，造成枝条干枯。因此，为保证幼树的正常生长，防止冻害，一般在定植后 1 ～ 3 年要对幼树进行冬季防寒和防抽条的工作。

(1) 越冬前准备　8 月份以后要适当控水、控肥（尤其是氮肥），7 月底至 8 月上旬对于未停止生长的过旺枝条要轻度摘心，以控制虚旺生长；喷 2 ～ 3 次 0.3% 的磷酸二氢钾，促进枝条的充实，提高枝条的抗寒性。

土壤上冻前，浇一次冻水，增加土壤墒情，树盘下可以铺秸秆、薄膜保墒，提高树体的越冬能力。

(2) 防寒措施

1）埋土防寒：在冬季土壤封冻前，把幼树轻轻弯倒，使顶部接触地面，然后用土埋好，埋土的厚度视各地的气候条件而定，一般为 20 ～ 40 厘米（图 4-7）。待第二年春季萌芽前，及时撤去防寒土，把幼树扶直。

2）填土防寒：对于粗矮的幼树，弯倒有困难时，可用编织袋将幼树套住，再装湿土封严，填土要超过植株顶端 10 厘米（图 4-8）。第二年春季发芽前 10 天左右解除防寒。

3）双层包被法：对不能进行埋土防寒的核桃幼树，要对一年生枝条进行“双层包被”法防寒。具体做法：先用报纸条或卫生纸缠一层，

图 4-7　埋土防寒

图 4-8　填土防寒

然后用塑料条自下而上“一圈压一圈”薄薄地再缠一层，缠紧绑好，要防止进水和大风吹开。下雪天，枝条上若有积雪，雪后要振落积雪，防止雪融化后进水。早春如遇下雨天进水，要及时解绑，防止闷芽（图 4-9）。第二年春季发芽前 10 天左右解除防寒。

图 4-9　“双层包被法”防寒

注意：复叶刚脱落时，叶柄处会有伤流（图 4-10）。“双层包被法”防寒一定要等叶柄处无伤流后再进行（图 4-11）。

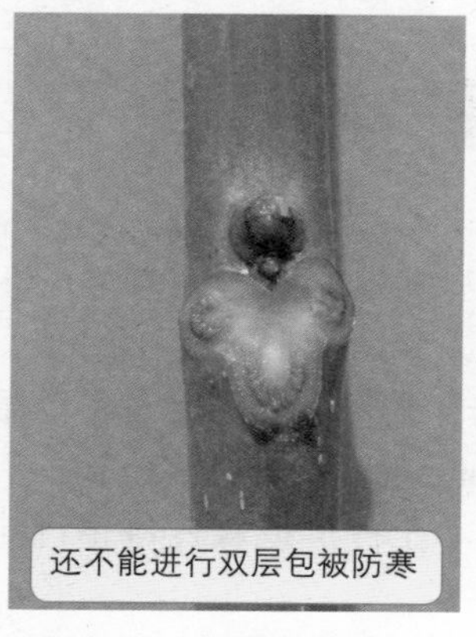

图 4-10　叶柄有“伤流”

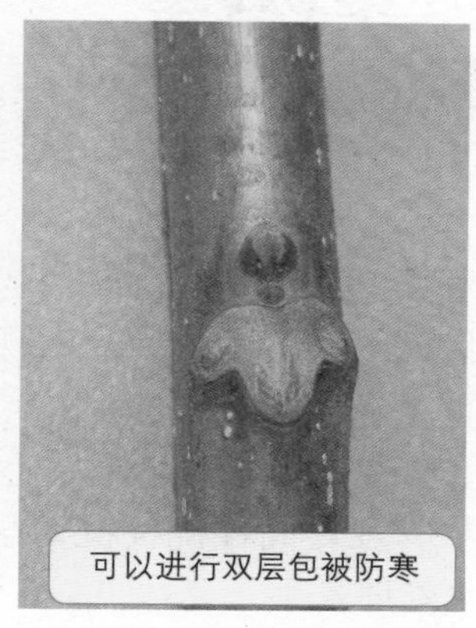

图 4-11　叶柄无“伤流”

4）涂白防寒：早春昼夜温差大的地方，枝干因长时间的昼融夜冻的影响，容易使其阳面的皮层坏死干裂，采用涂白防寒可取得良好的效果。一般对 2 年生以上大主干和主枝进行涂白（也有防病虫害的作用）。涂白剂的配制：①水：生石灰：石硫合剂原液：豆汁：食盐 =36 ：10 ：2 ：2 ：2；②水：生石灰：食盐：硫磺粉：动物油 = 100 ：30 ：2 ：1 ：1，混匀，于结冻前涂抹枝干（图 4-12）。

图 4-12　树干涂白

第五章

土肥水管理

土肥水管理是核桃栽培管理的基础核心工作。良好的土壤和水分条件是保证核桃健壮生长、实现优质高产的关键。目前，我国大部分核桃种植在立地条件相对较差的丘陵、山地地区，土壤和水肥条件较差，加之疏于管理和投入，而导致产量和效益较低。因此，要加强栽培管理提高核桃种植效益，在种植适栽良种情况下，首先要从土肥水管理入手。

一、土肥水管理的理论基础

1. 根系在土壤中的分布

核桃属深根性树种。其根系分为主根、侧根和须根。其主根发达，侧根伸展较远，须根广泛（图 5-1）。在土层深厚的土壤中，成年核桃树主根深可达 6 米，而水平根可延伸至树冠边缘甚至更远。例如，9 年生核桃的根系垂直分布主要在 0 ~ 60 厘米的土层中，占总根重的 77.91%，其中 0 ~ 2 毫米粗的吸收根以 0 ~ 20 厘米深的土层中最多，2 ~ 5 毫米粗的根以 20 ~ 40 厘米深的土层中最多。5 ~ 10 毫米粗的根也以 0 ~ 20 厘米深的土层中最多，而 10 毫米以上的根则集中分布在 20 ~ 40 厘米深的土层中，也就是主侧根集中分布在这一土层。根系的水平分布主要在以树干为中心的 1 ~ 2 米半径范

图 5-1　核桃根系

围内，而以 1 米半径内为最多，占总根重的 37.8%。因此，施肥深度多在 20 ～ 40 厘米，范围为冠下及边缘。

2. 根系的生长发育规律

核桃根系 1 年大约有 3 次生长高峰: 第一次在发芽前至雌花盛期，第二次在新梢生长停止和果实生长减缓时，第三次是在采果后至落叶前。

另外，核桃根系的生长发育还与立地条件、品种类群及树龄有密切关系。

核桃根系生长与立地条件的关系是：土层疏松、厚，根系的主根分布深，侧须根多，地上部生长也健壮。若土壤为比较坚实的石砾沙滩地，根系多分布在客土植穴范围内，在这种条件下，核桃树易形成“小老树”。

早实核桃与晚实核桃的根系生长发育也不相同。早实核桃比晚实核桃根系发达，尤以幼龄树表现明显。据观察早实核桃的侧根、须根数量是晚实核桃的 2 倍多，这也是早实核桃的一个重要特征。发达的根系有利于矿物营养和水分的吸收，为树体内部营养物质的积累创造了条件，有利于花芽分化形成，从而实现早实、丰产。

核桃根系生长与树龄关系也很密切。幼苗时根比茎生长快，主根比水平根生长快。据测定，一年生核桃主根垂直生长很快，侧根较少，主根占总根重的 87.82%，且地上部分生长缓慢，主根垂直生长的长度为干高的 5.33 倍。二年生树为干高的 2.21 倍。三年生以后侧根数量逐渐增多，水平根生长加快，迅速向四周扩展，由于根的吸收能力增强，地上部生长加快，随年龄增长侧根逐渐超过主根。所以群众说核桃是“先坐下来，再站起来”。

二、土壤的改良与管理

1. 间作

核桃幼树期，为了充分利用行间的地力、空间，提高核桃园的经济效益，在不影响树体生长前提下，可进行行间间作。当核桃园近郁闭时，一般不宜间作，有条件的可发展树下养殖或培育食用菌等。

图 5-2　核桃幼树行间育苗

间作作物以矮秆作物为主，如豆类、花生、薯类等，树旁留出足够空间；一般不建议间作玉米等高秆作物，若必须间作时，离核桃幼树 1 米以上。立地条件较差的地块，间作以养地为主，可种植豆类、牧草、绿肥等；立地条件较好的地块，可间作经济效益较高的作物，甚至作为苗圃育苗（图 5-2）。

2. 土壤深翻

土壤深翻可改善土壤结构，提高保水保肥能力，减少病虫害，达到增强树势、提高产量的目的。深翻一般可在采果后结合施基肥进行，深度 60 ～ 80 厘米，可每年轮换直至全园深翻一遍。此项工作用工量大，但只要做了，就会起到良好效果。

3. 土壤浅翻

在秋末冬初进行，以树干为中心，树冠外围 50 厘米为半径，深度为 20 ～ 30 厘米。近干处宜浅，远离树干处宜深，有条件的地方可全园浅翻，可机耕。

4. 清耕（中耕除草）

清耕是目前果园较常用的土壤管理制度。中耕的时间和次数依气候条件和杂草数量而定，一般每年生长季节进行 3 ～ 5 次，深度 10 厘米左右。在雨水多的年份可进行 1 ～ 2 次深耕，以涵养水分、增加土壤透气度，深度 20 厘米左右（图 5-3）。

图 5-3　土壤深耕

5. 保持水土

在山地和丘陵地建的核桃园，要修整梯田面，培好田埂，坡度较缓可修成大型鱼鳞坑。除此，可栽种紫穗槐、沙打旺、苜蓿、三叶草等绿肥作物，保持水土。

6. 果园生草

果园生草有利有弊。其有利的方面主要有：（1）提高土壤有机质含量，改善土壤结构，增强地力；（2）改善果园小气候，增加果园天敌数量，有利于果园的生态平衡；（3）增加土壤覆盖层，减少土壤表层的温度变幅，利于核桃根系生长；（4）在山地和丘陵可减少水土流失，起到保持水土的作用；（5）降低管理成本，提高土地利用率，促进畜牧业发展，实现生态的良性互动。

其不利的方面主要有：（1）与核桃争水争肥；(2) 易加重病虫害，但也有利于天敌；（3）长期生草影响土壤通透性；（4）易滋生有害杂草，如拉拉秧等。因此，在实行生草时可结合清耕等其他管理方法，克服其弊端。

果园生草一般选择三叶草、紫花苜蓿、田菁、沙打旺、荠菜、绿豆等，可结合畜牧养殖选择草种，养殖产生的粪便再施入园内，实现种养循环。一般果园，也可杂草自然生长，及时除掉有害杂草，等草长到一定程度进行刈割，年内分区浅翻，结合施基肥，再轮换深翻。

7. 树下覆盖

(1) **覆草**　覆草可以保墒，抑制杂草，增加土壤有机质含量。覆盖物有杂草、作物秸秆、糠壳等，一年四季均可进行，以春旱和秋初为好。覆草厚度一般为15厘米左右，根茎20厘米内不覆草，为防止风吹和引起火灾，可在草上斑点状压土，结合施基肥或土壤翻耕，将覆草施入地下。

图5-4　覆膜保墒

覆草宜在秸秆或杂草丰富的干旱、半干旱地区应用。土壤较黏重或低洼地覆草，在雨水较多时更易引起烂根，不宜覆草。在林区山地果园出于防火考虑一般不覆草。

(2) **覆膜**　覆膜有保墒，抑制杂草，增加土壤温度等作用（图5-4）。尤其新栽幼树，春季浇水后或干旱区雨季临近结束时覆膜，可以起到很好的保墒效果。覆膜时，四周用土压好，中间可斑点状压些土，防止大风吹开。

8. 秸秆还田

作物秸秆不经过堆沤，直接埋入土中，起到增加土壤有机质培肥土壤的效果。一般可结合施基肥和基肥一起施用，若只施用秸秆时，可按1000克秸秆加入8克氮的比例混施氮肥，以加速秸秆分解。秸秆最好粉碎后施入，春秋施时要及时浇水。

9. 化学除草

化学除草就是用除草剂除草，可以节省劳力，降低管理成本。出于除草剂对土壤的污染考虑，一般土层深厚、土质较好的果园在

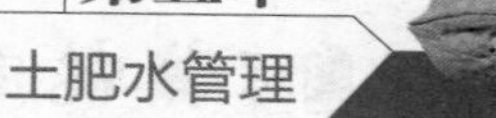

杂草茂盛而人力极度缺乏时偶尔使用。使用时，要选择无风天气（喷雾的雾粒大些），以免核桃发生药害。建议使用时不要全园都喷（尤其是幼树），近树干处适度留些（人工割除即可），防止园内一点草没有而影响园内生态；山地果园，从保持水土方面考虑，一般不使用化学除草，以防止雨季水土流失。

三、果园施肥

（一）施肥依据

1. 核桃需肥特性

核桃为多年生果树，其树体高大，根系发达寿命长，每年要从土壤中吸收大量营养元素，尤其氮需求量要比其他果树大 1 ~ 2 倍。国外研究表明，每产 100 公斤坚果，要从土壤中吸收纯氮 1.456 公斤，纯磷 0.187 公斤，纯钾 0.47 公斤，纯钙 0.155 公斤，纯镁 0.039 公斤。据叶片分析，核桃正常叶片含的纯元素为：氮 2.5% ~ 3.25%，磷 0.12% ~ 0.30%，钾 1.20% ~ 3.00%，钙 1.25% ~ 2.50%，镁 0.30% ~ 1.00%，硫 170 ~ 400 毫克 / 千克，锰 35 ~ 65 毫克 / 千克，硼 44 ~ 212 毫克 / 千克，锌 16 ~ 30 毫克 / 千克，铜 4 ~ 20 毫克 / 千克，钡 450 ~ 500 毫克 / 千克，缺乏任何元素都会影响核桃的产量和品质。若不施肥，单靠土壤供应是不能满足核桃长年生长发育的需要。

2. 土壤养分情况

目前，我国大部地区的果园普遍存在缺肥情况。主要表现在：（1）土壤有机质含量偏低，我国大部果园有机质含量低于 0.8%，华北平原的土壤有机质含量多在 0.5% ~ 0.8%，而国外优质果园多在 3% 左右，有的高达 5%。（2）土壤中的营养元素缺乏，如我国土壤耕作层中：①全氮含量东北最高为 0.15% ~ 0.52%，华北平原和黄土高原最低为 0.03% ~ 0.13%；②全磷含量在 0.05% ~ 0.35%，东北最高为 0.14% ~ 0.35%，南方红壤土最低；③速效钾含量多为 0.4% ~ 0.45%，一般北方高于南方地区。

土壤中只能积累和贮藏一定量的养分供核桃生长发育的需要，要想获得优质高产，就必须通过施肥向土壤中施入一定数量的所需养分。

3. 营养诊断

营养诊断是按统一规定的标准方法测定叶片中矿质元素的含量，与叶分析的标准值（表 5-1）比较来确定各营养元素的盈亏，再依据土壤养分状况、肥效指标及矿质元素间的相互作用，制订施肥方案，指导施肥。

表 5-1　7 月核桃叶片矿质元素含量标准值

元素		缺乏临界值	适生范围	中毒临界值
常量元素（%，干重）	氮	<2.1	2.2～3.2	
	磷		0.1～0.3	
	钾	<0.9	>1.2	
	钙		>1.0	
	镁		>0.3	
	钠			>0.1
	氯			>0.3
微量元素（毫克/千克，干重）	硼	<20	36～200	>300
	铜		>4	
	锰		>20	
	锌	<18		

（二）肥料的种类及特点

1. 有机肥

(1) 有机肥的种类　有机肥是指含有较多有机质的肥料，主要包括粪尿类、秸秆肥类、堆沤肥类、绿肥、饼肥、腐殖酸类、沼气肥等（又称农家肥）。

(2) 有机肥的特点

①所含养分全面除了含有丰富的有机质外，还含有核桃生长发育所必需的大量元素和微量元素，是一种完全肥料。

②营养元素多呈复杂的有机态，需经过微生物分解才能被吸收利用，其肥效缓慢、持久。

③养分含量低，施用量大，施用时费工费力，成本较高。

④具有改善土壤理化特性、活化土壤养分、促进土壤微生物活动等作用。

(3) 有机肥对核桃生长发育的作用　施有机肥可以改善土壤状况，为核桃根系生长创造了良好条件。由于有机肥营养全面、肥效缓慢且持续时间长，使地上部生长均衡、健壮，不易徒长，花芽分化好，各营养元素多呈有机态，比例协调，不易发生缺素症，从而提高树体的抗寒、抗旱及抗病性和坚果的产量、品质。

2. 化肥

(1) 化肥的种类　化肥是化学肥料的简称，又称无机肥，可分为氮肥、磷肥、钾肥、复合肥、微量元素肥等。

(2) 化肥的特点

①养分含量高，但成分单一，一般只有1种或少数几种营养元素，有利于核桃选择吸收利用。

②肥效快而短，多数化肥能溶于水，施入后很快被植物吸收利用，但肥效不持久。

③有酸碱反应，分化学和生理酸碱反应2种。化学酸碱反应是指溶于水后的酸碱反应，如过磷酸钙为酸性，碳酸氢铵为碱性，尿素为中性。生理酸碱反应是指肥料经核桃吸收后产生的酸碱反应，如硝酸钠为碱性肥料，硫酸铵为生理酸性肥料。

④由于不含有机质，在施用量大情况下，长期施用单一化肥会破坏土壤结构，造成土壤板结。

（三）施肥技术

施肥以有机肥为主，化肥为辅；以施基肥为主，追肥为辅。

1. 基肥

以腐熟的有机肥为主，在果实采收后到落叶前尽早施入，也可在春季萌芽前施入。根据树体大小，幼树25～50千克/株，盛果期树50～100千克/株。

2. 追肥

根据土壤肥力，适量进行追肥。若土壤肥力较好且基肥使用充足，可适量少追或不追肥。

(1) 萌芽前追肥　结合灌水进行，以氮肥为主。幼树施尿素100 ~ 200克/株，成龄树200 ~ 300克/株。

(2) 果实发育期追肥　一般在5月中、下旬进行，以氮为主，磷、钾为辅。幼树施尿素50 ~ 100克/株、过磷酸钙100 ~ 150克/株，氯化钾30 ~ 50克/株。成龄树施尿素100 ~ 150克/株、过磷酸钙150 ~ 200克/株，氯化钾50 ~ 100克/株。

(3) 核仁发育期追肥　一般在7月上旬进行，以磷、钾肥为主。幼树施过磷酸钙200 ~ 300克/株，氯化钾50 ~ 100克/株。成龄树施过磷酸钙300 ~ 500克/株，氯化钾100 ~ 200克/株。

其他肥料根据含量参考施用。

3. 叶面喷肥

叶面喷肥就是将化肥配成一定浓度的水溶液喷施在叶子上，可以快速补充营养，具有用肥少、见效快、利用率高、可与多种农药混合施用等优点。由于叶面喷肥主要通过叶背面的气孔吸收，因此在喷施时重点在叶背面。根据树体营养状况，5 ~ 6月份可喷1 ~ 3次0.3%的尿素；7 ~ 8月份喷2 ~ 3次0.3%的磷酸二氢钾。其他元素或多元素叶面专用肥可参照说明书使用。注意：叶面喷肥只是一种补肥的应急措施，不能代替土壤施肥；在与农药混施时，碱性农药不能与酸性肥料混用，以免酸碱中和二者都失去作用。

4. 施肥方法

(1) 环状施肥　用于幼树施基肥。以树冠投影线为外缘，围绕树干挖环状沟，沟宽30 ~ 40厘米，沟深50厘米（图5-5），将肥料与表土混合均匀施入沟内，再盖底土。环状沟应逐年外移。

(2) 条状沟施肥　用于幼树和密植园施基肥。在株间或行间的树冠内侧挖(1 ~ 2)条沟，沟长为冠径的2/3或与冠径相等（或整行挖通），沟宽 40 厘米左右，沟深 50 厘米（图 5-6）。每年在行间或株间轮换挖沟施肥。

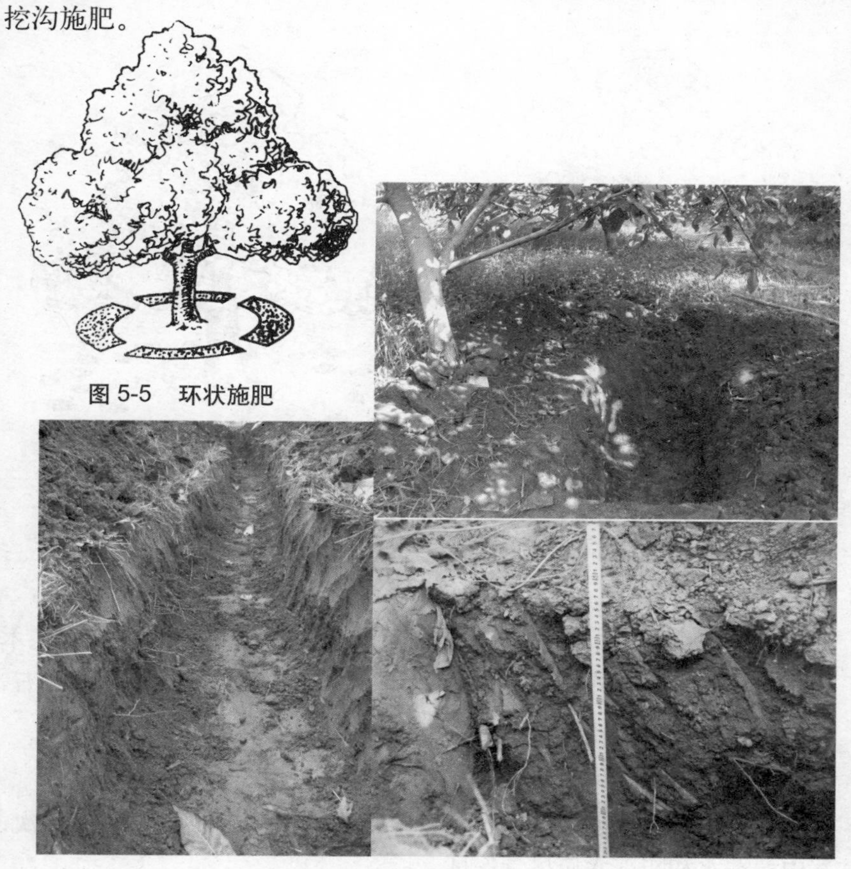

图 5-5　环状施肥

图 5-6　条状沟施肥

(3) 放射沟施肥　用于成年散生大树施基肥，以树冠外围向内 2/3，向外 1/3，挖 4 ～ 8 条宽 30 厘米，深 40 ～ 50 厘米的放射状沟。尽量少伤直径 1 厘米以上的大根，位置每年错开。若树冠较大，可挖成内外交错的两排施肥沟（图 5-7）。

(4) 穴状施肥　用于追肥。以树干为中心，从冠径 1/2 处到树冠边缘，挖若干长 × 宽为 20 厘米 ×20 厘米，深 10 ～ 15 厘米的施肥

穴（图 5-8），将肥料施入穴中，封土后灌水。

图 5-7　放射沟施肥

图 5-8　穴状施肥

四、水分管理

一般年降雨量在 600~800 毫米，且分布比较均匀的地区，基本能满足核桃对水分的需求。我国北方地区年降雨量多在 500 毫米左右，且分布不均，常出现春、初夏干旱，需灌水。

1. 灌水时期

根据土壤墒情和核桃的生长发育特点，一般每年需灌水 2 ~ 4 次，其中萌芽水和防冻水应尽量保证。

(1) 萌芽前灌水，此时正是北方春旱少雨季节，可结合施肥进行，灌水后覆膜保墒。

(2)5 月中下旬（雨季较少），正值果实迅速膨大期，根据土壤墒情灌水。

(3) 果实采收后至落叶前，结合秋施基肥灌水。

(4) 土壤结冻前灌冻水。

2.灌水方法

我国目前多采用常规漫灌方法，缺水地区可采用交替灌溉（只浇树体一侧，下次再浇另一侧），提倡使用滴灌（图 5-9）、喷灌、渗灌等节水灌溉。

图 5-9　滴灌

3.蓄水保墒

水源不足的地块，在干旱季节灌水后或雨后树盘下可以覆草或覆膜保墒，利用鱼鳞坑、小坎壕、蓄水池等水土保持工程拦蓄雨水，冬季也可积雪贮水。

4.排涝

核桃对地表积水和地下水位过高都很敏感。积水时间过长，叶片萎蔫变黄，严重时整株死亡。地势平坦或较低洼的地块，应有排水沟，降水量过大时，可及时排涝。

第六章 整形修剪

整形修剪是核桃管理的一项重要技术措施，具有很强的技术性和一定的艺术性。核桃园管理及不及格要看“土肥水管理”和“病虫害防治”，优不优秀就看整形修剪得怎样。

一、整形修剪的理论依据

1. 枝

核桃的枝条可分为新梢、二次枝、一年生枝、二年生枝、多年生枝五类。

(1) 新梢　当年抽生的新枝到落叶前叫新梢。新梢包括结果枝和发育枝。着生果实的枝叫结果枝（图 6-1）。发育枝只着生叶和芽，无果（图 6-2）。幼树发育枝每年常有两次生长高峰，形成春梢和秋

图 6-1　核桃结果枝

图 6-2　核桃发育枝

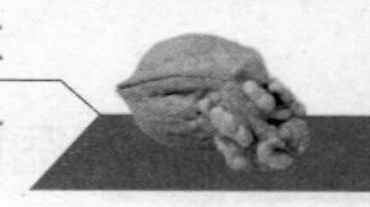

梢。其中春季生长的部分叫春梢。5 月上旬春梢达生长高峰，日生长量 3 ~ 4 厘米，6 月上中旬第一次生长停止，短枝和弱枝一次生长结束后形成顶芽，无秋梢。旺盛的枝条可出现第二次生长，形成秋梢。秋梢一般 8 月下旬停止生长，秋梢往往生长不充实，越冬易抽条，一般需在 7 月底摘心。

图 6-3　核桃二次枝

(2) 二次枝　新梢侧芽当年萌发再抽生的分枝叫二次枝。二次枝是早实核桃品种的一个重要特征。早实核桃生长旺盛的发育枝短截后可抽生二次枝，幼树的结果枝也可抽生二次枝（图 6-3）。晚实核桃生长旺盛时也可以抽生二次枝，但一般很少。早实核桃的二次枝一般情况下能形成结果母枝，晚实核桃的二次枝只能形成营养枝。

(3) 一年生枝　新梢落叶后到第二年萌发前叫一年生枝。根据用途又可将其分为结果母枝、营养枝和雄花枝。①结果母枝：着生混合芽的枝条称为结果母枝。早实品种比晚实品种结果母枝多而短。②营养枝：发芽后仅抽生枝叶的枝条。③雄花枝：只着生雄花的枝条叫雄花枝（图 6-4）。此类枝顶芽萌发后雄花开放，然后脱落，整个短枝形成光秃状态，越冬后枯死。在树冠郁闭严重或树势衰弱时，易发生

图 6-4　核桃雄花枝

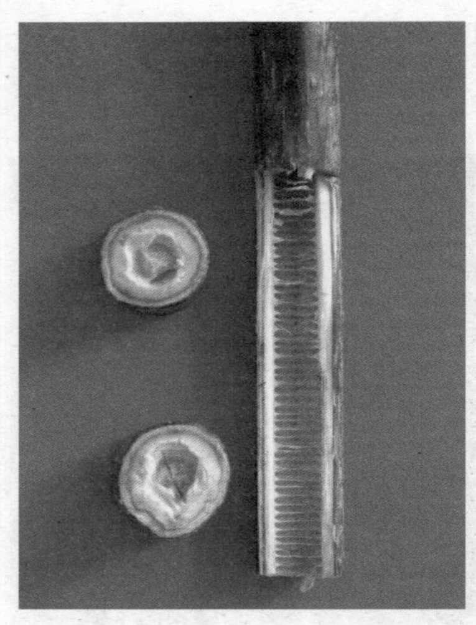
图 6-5　核桃一年生枝的髓心

雄花枝。核桃一年生枝髓心较大（图 6-5），抗风力较弱，幼树易抽条。

(4) 二年生枝　生长已二年的枝条。

(5) 多年生枝　三年生及以上的枝条均可称为多年生枝。

2. 叶

核桃叶属于奇数羽状复叶，每一复叶上的小叶数多为 5 ~ 9 片。一般着双果的结果枝需要有 4 ~ 6 片以上正常复叶，才能保证枝条和果实正常发育。具 1 ~ 2 片复叶的果枝，即使结果，果实会变小，甚至发育不良。

3. 芽

(1) 芽的种类　核桃的芽可分为混合芽（雌花芽）、雄花芽、叶芽（营养芽）和潜伏芽等（图 6-6）。

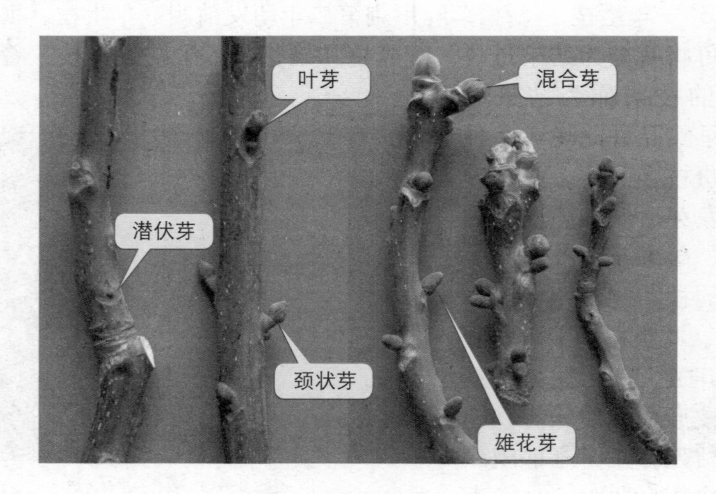

图 6-6　核桃芽的种类

①雌花芽（混合芽）：芽体肥大，圆形，鳞片紧包。萌芽后抽生枝、叶和雌花序。晚实核桃的混合芽着生在一年生枝顶部 1 ~ 3 个节位处，单生或与叶芽、雄花芽上下呈复芽状态着生于叶腋间。早实核桃除顶芽为混合芽外，侧芽通常也形成混合花芽，侧芽也能开花结果，这是早实核桃区别于晚实核桃的一个重要特征。

图 6-7　核桃的雌雄花

②雄花芽：形似桑椹，萌发后为雄花序（图 6-7）。通常着生于顶芽以下 2 ~ 10 节，单生或叠生。

③叶芽：叶芽萌发后只抽生枝叶，不开花。

④潜伏芽：属于叶芽的一种。常着生于枝条基部，芽体小，正常情况下不萌发，只有当受到外界刺激后才萌发，利于树体更新。潜伏芽常随枝条的加粗生长而埋于皮下。

(2) 花芽分化

①雌花芽的分化：核桃雌花芽的分化，分两个阶段：第一阶段，即生理分化阶段。据观察：核桃雌花芽的生理分化期约在中短枝停止生长后的第三周开始，大致时间是 6 月初至 7 月初。这一阶段是花芽分化的临界期，通俗讲，是叶芽能否变成雌花芽的关键期。因此，生产中，可根据需要，人为调节雌花分化量。如在枝条生长停止前，可通过减少灌水、少施氮肥、环剥、喷生长延缓剂等控制生长，减少消耗，增加碳水化合物的积累，促进雌花芽分化；相反，采取有利于生长的措施，如多施氮肥、多浇水等可抑制雌花分化。第二阶段，即形态分化阶段。需 10 个月才能完成。

②雄花芽的分化：雄花芽分化较早于雌花芽，大多品种在 4 月下旬就开始分化，到 6 月上旬就可在叶腋间明显看到表面具鳞片状的雄

花芽；到翌年 4 月份发育迅速完成并开花散粉。

4. 核桃的生命周期

核桃的生命周期分幼龄期、结果初期、结果盛期和衰老期四个阶段。

(1) 幼龄期　从苗木定植到开花结果以前，称为幼龄期。此阶段早实核桃只有 1 ～ 2 年，晚实核桃有 7 ～ 10 年。其特点是营养生长旺盛，在树体发育上表现为主干的加长生长迅速，骨干枝的离心生长较弱，生殖生长尚未开始。

(2) 结果初期　从开始结果到结果盛期称为结果初期。这一阶段早实核桃为 6 ～ 8 年，晚实核桃为 10 ～ 15 年。其特点是营养生长开始减慢，生殖生长迅速增强。

(3) 结果盛期　从进入结果盛期到开始衰老之前称为结果盛期。结果盛期延续时间的长短，同立地条件和栽培管理水平关系极大。通常情况下为 50 ～ 100 年左右，晚实核桃较长，早实核桃较短。其特点是营养生长和生殖生长相对平衡。

(4) 衰老期　这一阶段是从植株开始进入衰老到全部死亡。此阶段延续时间很长，多在 50 ～ 100 年以上，其特点是生理机能减弱，营养生长的更替现象非常明显，结果能力逐渐减退，大小年现象突出，较大枝条开始枯死，出现更新现象。

二、核桃整形修剪的基础知识

（一）整形修剪的时期

核桃幼树一般在春季萌芽期进行；成龄核桃园一般在秋季采果后及早进行。

（二）整形修剪的目的

培养良好的树体结构，使树体四周、上下、内外树势均衡，通风透光良好，使各枝条保持生长健壮，实现果实可持续优质丰产。

（三）整形修剪的手法

1. 拉枝

改变枝条生长方向。通过改变生长方位，可以合理利用空间；通过开张角度，可以缓和枝条长势，促进中下部芽萌发和新梢生长 (图 6-8)。

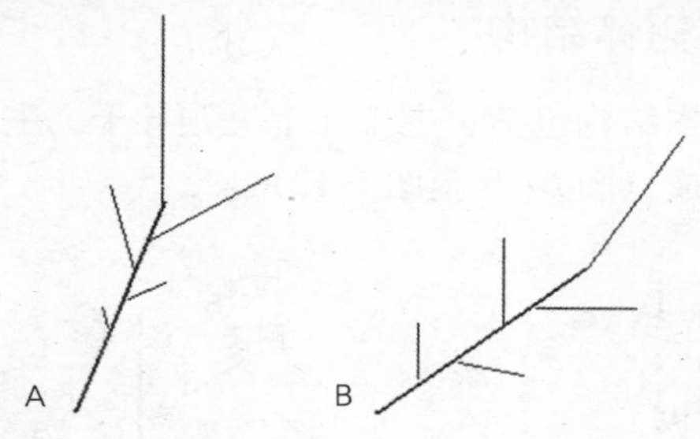

A. 不拉枝　B. 拉枝后

图 6-8　拉枝的修剪反应

2. 短截

剪去枝梢的一部分。可以增强枝条长势，增加分枝，促进中下部芽萌发和新梢生长，避免上强下弱而形成内堂光秃的“光腿”现象。

短截的方法有中度短截和轻度短截 (图 6-9)。中度短截：截去枝条长度的 1/2；轻度短截：截去枝条长度 1/3 ～ 1/4。

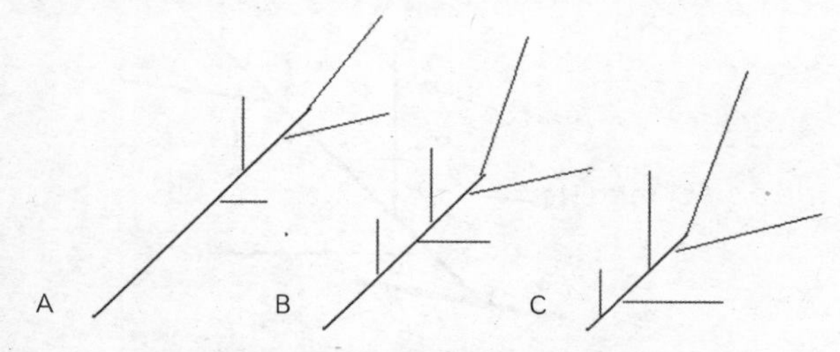

A. 不短截　B. 轻度短截　C. 中度短截

图 6-9　短截的修剪反应

3. 疏剪

将枝梢从基部疏除。可以改善通风透光条件，调整树势。

4.长放

对枝梢不剪。可以缓和枝梢长势，有利于形成中短枝。

5.回缩

在多年生枝上短截。多用于更新复壮和控制树冠。

（四）核桃树体结构

核桃树体基本结构包括：主干和中央领导干、主枝、侧枝、结果母枝、结果枝构成（图 6-10 至图 6-12）。

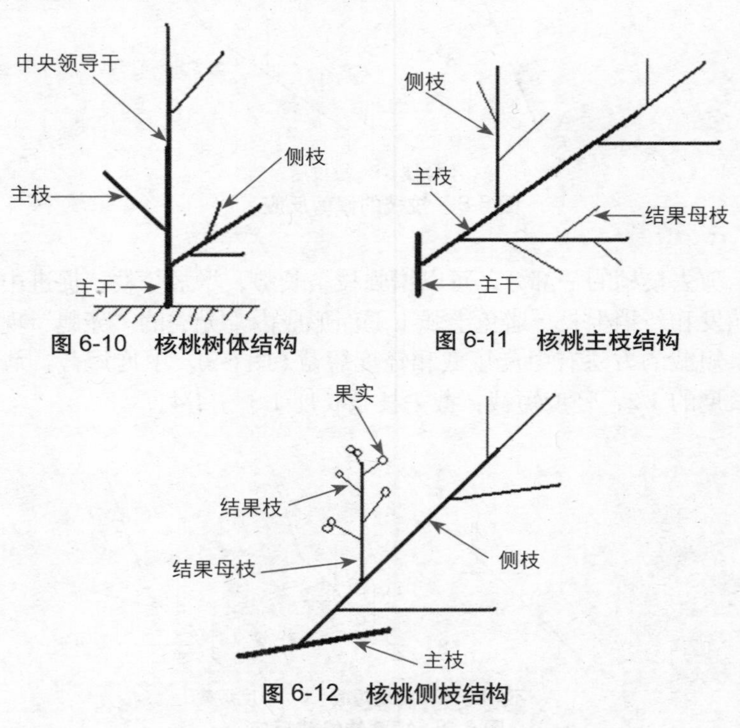

图 6-10　核桃树体结构

图 6-11　核桃主枝结构

图 6-12　核桃侧枝结构

三、核桃幼树的整形与修剪

核桃幼树阶段是指从苗木定植到进入结果盛期。早实核桃为 7 ~ 8

年；晚实核桃为10～15年。此阶段的主要目的是整形，通过修剪措施培养良好的树体结构和充足的枝量，使树体四周、上下、内外树势均衡，通风透光良好。

(一)定干

1.定干时间

早实核桃栽后当年或第二年进行，晚实核桃栽后2～3年内进行。

2.定干高度

早实核桃密植园干高50～80厘米，间作园和零星栽植的树干高80～120厘米。晚实纯核桃园干高60～100厘米，间作园干高120～150厘米。如果考虑到果材兼用，干高可达2米以上（图1-2）。

3.定干方法

春季萌芽期，在定干高度短截，剪口下留壮芽，剪口距芽1厘米左右。

(二)树形培养

1.树形种类

核桃树形可采用以下3种树形。

(1)“开心形”：无中央领导干，在主干不同方位选留3～4个主枝（图6-13A）。此树形适合于立地条件较差和密植的园片。

(2)“疏散分层形”：在中央领导干上选留5～7个主枝，分2～3层配置（图6-13B）。此树形适合于立地条件好和稀植的园片。

(3)“变则主干形”：在中央领导干四周上下均匀选留5～7个主枝，不分层(图6-13C)。此树形适合于大冠稀植的园片和果粮间作的地块。

2.树形的培养

按树形（图6-13）要求在主干或中央领导干不同方位选留壮芽或生长健壮的枝条，逐年培养成主枝。

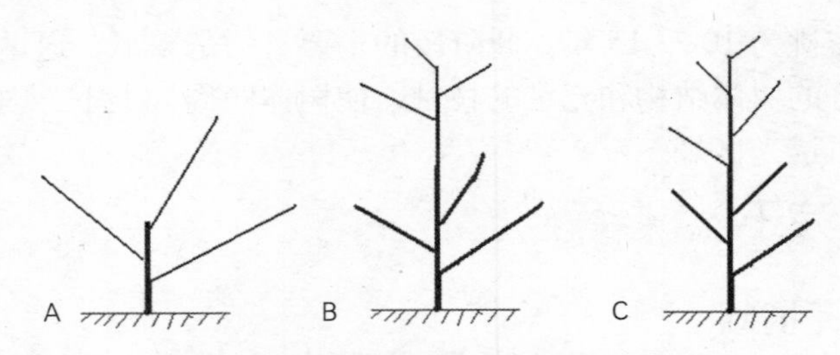

图 6-13　核桃树主要树形结构简图

A. 开心形　B. 疏散分层形　C. 变则主干

3. 主枝的培养

春季萌芽前，对要培养成主枝的一年生枝条进行短截（图 6-14A），一般保留 50~60 厘米，枝条较长，可适当长些。对不够长度的枝条，若较壮并且顶芽饱满，则不用短截；如果顶芽不饱满或有损伤，则剪口下留壮芽短截。短截位置要在芽以上 1 厘米左右处，通过剪口芽的方向来调整主枝的方位和长势，若枝条长势较弱，可留上芽；若枝条长势较强，可留下芽。

第二年春季萌芽前，对主枝头和侧枝继续进行短截（图 6-14B），主枝头继续向前生长以扩大树冠，侧枝上萌发的枝条根据空间大小决定去留，留下的枝条作为结果母枝或结果枝。

第三年以后，只要有继续生长的空间，就对较长的主、侧枝头进行短截，以培养新的侧枝和结果母枝，直到树与树之间近似交接。

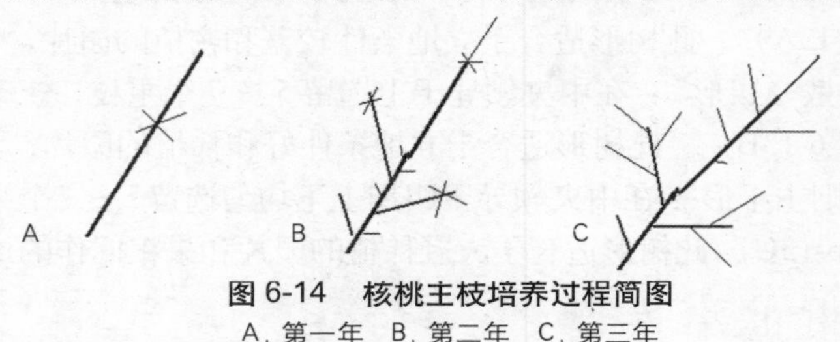

图 6-14　核桃主枝培养过程简图

A. 第一年　B. 第二年　C. 第三年

4. 修剪中的注意事项

(1) 整形修剪无定法，总的要求就是“培养足够枝量，维持均衡树势，并且使每个枝叶有良好的通风透光条件”。枝条的去留以通风透光为原则，在保证通风透光的前提下，尽量保留。

(2) 到 7 月底，对仍生长旺盛（没停长）的新梢要进行摘心，摘心后若再萌发，将新萌发的新芽抹掉，以促进枝条生长充实（图 6-15）。

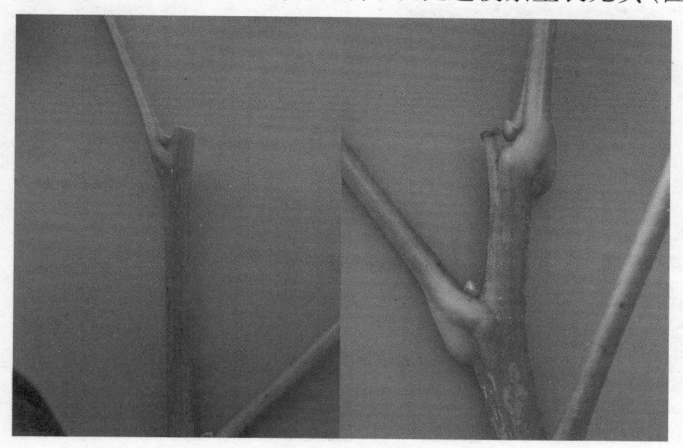

图 6-15　核桃新梢摘心效果

(3) 主、侧枝的选留，尽量做到“均衡树势”和“主次分明”。所谓“主次分明”是指中央领导干的长势要强于主枝，主枝头的长势要强于侧枝。通过拉枝、多留果、剪口留下芽等措施来缓和枝条长势；反之，通过疏果、剪口留上芽、抬高枝条角度等措施来增强枝条长势。

(4) 早实核桃品种侧芽萌芽率高，在主枝培养过程中，萌芽后可将离枝头新梢很近的新梢抹去。对长势很强（长势近于或超过主枝头）的侧枝新梢，可在 5 月中下旬进行摘心或短截，促发分枝，加快成形；分枝新梢 7 月底未停长则要摘心，促进生长充实，并且入冬后进行双层包被防寒（第四章，图 4-9）。

(5) 早实核桃幼树在整形过程中，由于果枝率高，萌芽后大多为结果枝，用于培养枝头和侧枝的结果枝则需将果疏掉，使其萌发二次枝，继续延长生长（图 6-16）。若萌发 2 个并行二次枝，需疏除 1 弱枝或短截（图 6-17）。若树势较旺，萌发二次枝较多，则根据

空间大小和主侧枝培养决定去留（图 6-18）。二次枝生长快，风大易弯倒（图 6-19），可用竹竿绑缚或其他措施将其扶正，以免树形紊乱。

图 6-16　早实核桃结果枝疏果后萌发二次枝

图 6-17　二次枝修剪

图 6-18　二次枝修剪

图 6-19　弯倒的二次枝需扶正

四、盛果期核桃园的整形修剪

处于结果盛期的核桃园，树冠骨架已经基本形成。这时修剪的主要任务是改善树冠内的通风透光条件，更新结果枝组，以保持稳定的长势和产量。

1. 清理无用枝

主要是疏除树膛内过密、重叠、交叉、细弱、病虫和干枯枝。

2. 疏枝

早实核桃的侧生枝结果枝率较高。每个结果枝第二年常萌发 1 ~ 3 个新的结果枝，根据空间大小，只留 1 ~ 2 个健壮枝，以维持本空间枝组的长势和果实产量（图 6-20，图 6-21，图 6-22）。

3. 回缩

当结果枝组明显减弱或出现枯死时，可通过回缩使其萌发长枝，再轻度短截，可发出 3 ~ 5 个结果枝，根据空间大小选留（图 6-23，图 6-24）。

图 6-20　疏枝前（左）和疏枝后（右）

图 6-21　疏枝前（左）和疏枝后（右）

图 6-22　疏枝

4. 利用徒长枝

进入结果盛期很少发生徒长枝。若发生徒长枝，如果内膛枝条比较密集，影响枝组正常生长时，可疏除；如果徒长枝附近空间较大，或其附近结果枝组已明显衰弱，则可利用徒长枝培养成新的结果枝组（图 6-25）。

图 6-23　回缩前（左）和回缩后（右）

图 6-24　回缩前（左）和回缩后（右）

图 6-25　徒长枝长放后形成结果枝组

五、衰老园的更新修剪

在通常情况下，早实核桃 40 ～ 60 年，晚实核桃 80 ～ 100 年以后，进入衰老阶段，常出现枝条枯死、结实量减少和主干出现腐朽等现象。

这时修剪的主要任务是进行有计划的更新复壮，以恢复和保持其较强的结实能力，延长其经济寿命。

1. 疏枝

疏除树膛内干枯枝和病虫枝。

2. 回缩

对多年生的衰弱枝进行回缩，使其萌发新枝；对自然更新萌发的新枝，将萌发部位以上的衰弱或枯死部分锯除；若萌发枝条过多，在保持通风透光前提下要去弱留强，培养新的结果枝组。

3. 更新复壮

若树势极度衰弱，产量极低，可进行大规模的更新复壮。方法主要如下。

(1) 大更新

在主、侧枝的适当部位进行回缩，使其形成新的主、侧枝。做法：在计划保留的主枝上，选择 2 ～ 3 个健壮、分布均匀的侧枝，从距主枝 50 厘米的部位锯断，然后再将主枝延长枝，从保留的最上部的侧枝以上 100 厘米处短截。发枝后，在保持通风透光前提下，选留健壮枝条，培养新的主枝、侧枝和结果枝组（图 6-26）。

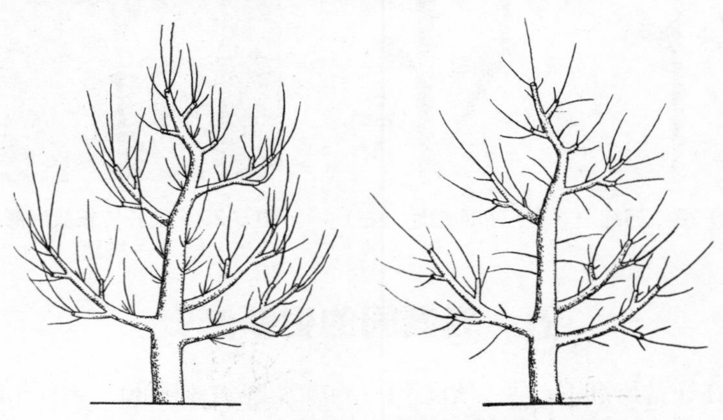

图 6-26　大更新（左）和大更新后修剪（右）

(2) 小更新

基本保持原有树体结构，在骨干枝的适当部位进行回缩，回缩强度小于大更新。

六、放任园的整形修剪

放任园整形修剪的主要任务是改造树体结构，在保留或培养充足枝量的前提下，使树体内外、四周、上下的树势均衡，通风透光良好，实现树体立体结果。放任树改造前后的树形对比见图 6-27。

根据树体具体情况，随树作形，有中央领导干的可逐步改造成疏散分层形或变则主干形，无领导干的可改造成开心形。

注意：若需要疏除的主枝过多，可分年进行，一般需要 3 年左右时间完成改造。

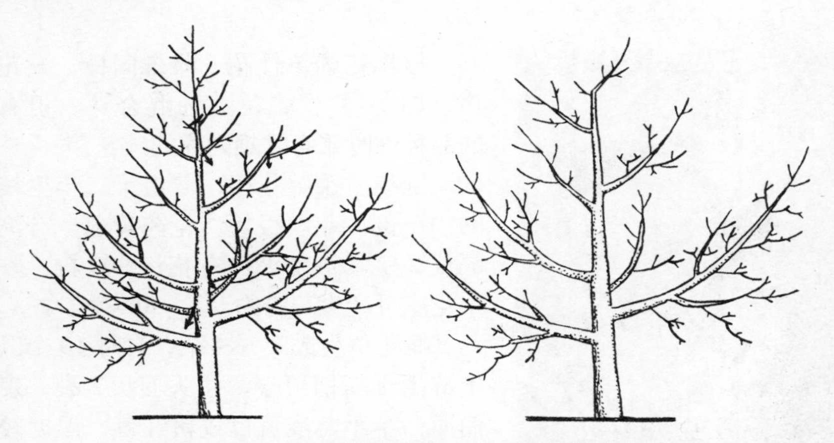

图 6-27 放任树修剪前（左）和修剪后（右）

第七章 花果管理

核桃花果管理是实现核桃优质、丰产的基础。其管理时期较短，而往往被人们所忽视。

一、花、果特性及发育的基础知识

（一）花

1. 花的特点

图 7-1　核桃的雌雄花

核桃花为单性花，雌雄同株、异花序（图 7-1）。雌花芽为混合芽，但有的品种同时兼有雌雄同序的纯花芽。

雄花呈柔荑花序，着生于二年生枝的中下部。花丝极短，花药黄色，有沟隔成 2 室，每室平均有花粉 900 粒，一个花序可产生花粉约 0.3 ～ 0.5 克。

雌花单生或 2 ～ 4 个，有时 10 个以上群生于新梢顶端。柱头羽状 2 裂，表面凹凸不平，浅黄色或粉红色，湿度较大，有利于花粉发芽。

2. 开花特性

核桃为雌雄同株异花，雌雄花期多不一致，称为“雌雄异熟”。雌花先开的称为“雌先型”；雄花先开的称为“雄先型”；个别品种雌雄花同开的称为“雌雄同熟”。雌雄异熟除为品种的特性外，

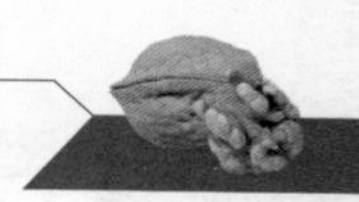

还受树龄和环境条件的影响。同一品种的幼树常表现更强的异熟性。冷凉的条件下，有利于雌花先开，温度高的条件下，利于雄花先开。这种雌雄异熟特性对其授粉有不良影响，栽植时要配置授粉树。

核桃一般每年开花一次。早实核桃具有二次开花结实的特性。二次花多着生在新梢顶部，其花序有三种类型，第一种是雌花序，第二种是雄花序，第三种是雌雄混合花序。二次雌花多在一次花后20~30天时开放。如能坐果，也可以成熟，但果个小（图 7-2）。开花晚的则果实不能成熟。故二次开花的习性不利于生产。

图 7-2　核桃二次花及其结果情况

3.雌、雄花开放特点

雌花刚出现时是幼小子房露出，二裂柱头合拢，此时无授粉受精能力。当二裂柱头呈倒八字形时，柱头正面出现突起且分泌物增多，此时是雌花授粉的最佳时期。

核桃雄花为一雄花序，一般由 130 ~ 150 朵小雄花组成。花序基部的小花首先成熟，并开始散粉，约 2 ~ 3 天散粉结束。每花序可产生花粉约 180 万粒或更多，但具生活力的花粉仅占 25%。当气温超过 25℃时，花粉会败育。花粉的寿命不长，在自然条件下，大约只有 2 ~ 3 天。散粉期若遇阴雨、大风、低温时，对授粉受精不利。雄

花过多，养分、水分消耗会加大，影响树体生长。因此，除掉 95% 雄花芽有明显增产效果。

4. 传授粉特点

核桃为风媒花。花粉飞翔的远近与距离和风速等有关。距授粉树 100 米以内，有大量花粉，超过 300 米，几乎捕捉不到花粉。

另外，核桃在不受粉时也能正常结少量的果，而且能成熟，此现象称“孤雌生殖”。核桃不同品种孤雌生殖率差异很大。

5. 落花

第一次落花：一些雌花在开放后不久很快萎蔫和脱落。此落花主要与品种特性有关，其机理仍未明了；第二次落花：在雌花开放后的 1 ～ 3 周内，核桃果实生长不需要花粉与受精作用的刺激，这一生长阶段内，授粉与未授粉的雌花均能以相似的速度膨大生长。之后，未授粉的雌花大多脱落，而正常受过精的雌花大多继续生长。

（二）果实

核桃属于坚果类。成熟的核桃有青果皮、核壳和可食的核仁三部分组成（图 7-3）。

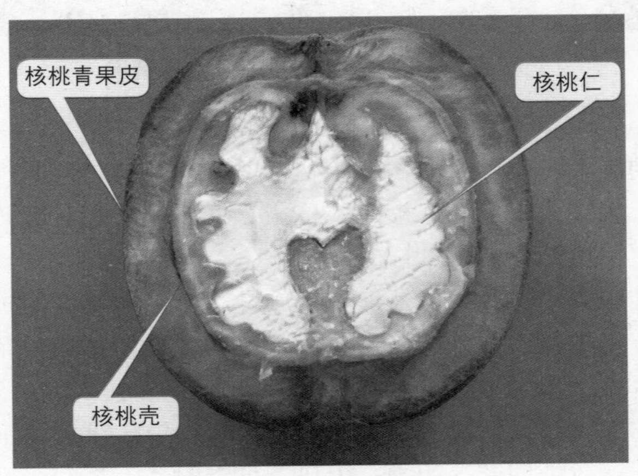

图 7-3　核桃果实构成

1.核桃结果特性

核桃分早实和晚实两大类群。早结实核桃一般嫁接当年或第二年就可结果，晚结实核桃一般嫁接后 3 ~ 5 年甚至更长时间结果。

2.果实的生长发育

从雌花柱头枯萎到总苞变黄开裂，这个过程称为果实发育期。一般为 120 天左右。

核桃果实发育整个过程大体可分为 4 个时期：①果实迅速生长期：一般在 5 月初到 6 月下旬，其体积生长量约占全年总生长量的 90%，重量约占 70%。②果壳硬化期：6 月下旬到 7 月上旬。果壳自顶向基部逐渐变硬，种仁由浆状物变成嫩白核仁，果实大小基本定型，营养物质此时期积累也最多。③脂肪迅速积累期：时间是 7 月上旬到 8 月下旬。此期果实内淀粉、糖大量转化为脂肪，脂肪含量占到 63% 左右。④果实成熟期：8 月下旬到 9 月上旬。此期果实重量、油脂增量均很小，且青果皮由绿变黄，有的出现裂口，应准备采收。

二、疏花、疏果技术

1.疏雄

疏除过多雄花可以节约树体贮藏养分，利于生长和结果（图 7-4）。对主栽品种，在雄花芽刚开始萌动时人工掰除。疏雄程度是在树冠不同部位保留 5% ~ 10% 的健壮雄花芽，其余的全部疏除。授粉品种配置较多时，根据需要疏除过多雄花。

图 7-4 疏和未疏雄花新梢的生长情况

2. 疏果

盛花期后1个月内进行。早实核桃1～2年生幼树的果实要全部疏掉，3～4年生幼树根据长势适当选留。成龄大树疏果强度要根据立地条件和核桃树树势状况灵活掌握，一般中等以上立地条件和中等偏旺树势，每平方米树冠投影面积的留果量为40～50个；立地条件优越和树势很强的核桃树，每平方米树冠投影面积留果50～60个。疏果时，先疏除病虫伤残果，再根据果实在树冠各部位均衡分布的原则决定取舍。一些品种坐果率很高，有时形成无叶果（图7-5），一定要疏除。细弱结果枝的果实根据复叶多少和生长的空间大小决定疏果或将细弱枝疏除(图7-6)。也可根据叶片多少疏果，一般每果需2～3片复叶（图7-7）。

图7-5　疏除无叶果

图7-6　疏除细弱枝和少叶果

图7-7　适宜留果量

三、提供坐果率的技术

（一）人工辅助授粉

核桃系风媒花，是典型的异花授粉树种。由于存在雌雄异熟现象，同一品种或同一类型（如同为“雄先型”或“雌先型”），雌雄花期不遇（或相遇时间短），往往造成授粉不良而影响产量。另外，核桃幼树初果期只有雌花，而雄花要晚 1 ～ 3 年，从而影响授粉和结果。因此，对于没有授粉条件或自然坐果率低的品种进行人工辅助授粉，对于提高产量显得就很重要。

1. 花粉的采集

在雄花盛开初期（雄花序基部小花已开始散粉），采集雄花序，摊在报纸上，置于阴凉通风处，待大部分花药裂开散粉时(一般 12 ～ 36 小时)，收集花粉（图 7-8）。收集的花粉放入试管或玻璃小瓶，用棉团塞好。花粉最好及时使用，不用可放入冰箱冷藏。为了便于授粉，可将花粉可加 10 倍淀粉或滑石粉混匀。

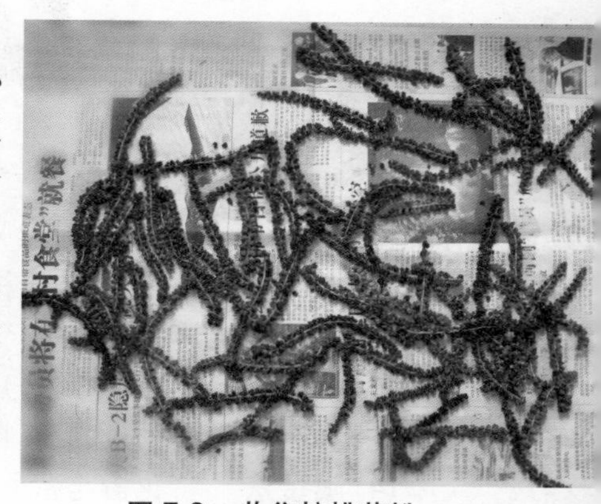

图 7-8　收集核桃花粉

2. 适宜授粉时期

核桃雌花授粉的最佳时期为柱头开裂呈倒“八”字时（图 7-9）。此时柱头羽状突起有光泽，分泌大量黏液，利于花粉附着、萌发和授粉受精。单花适宜授粉期一般持续 2 ～ 3 天，但同株或同品种的雌花可相差7天左右，为提高坐果率，可进行 2 次授粉。当柱头干缩变色后，一般不能再授粉。

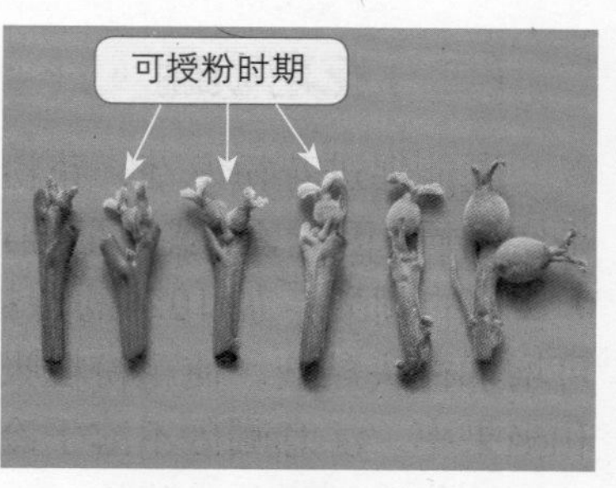

图 7-9　核桃雌花开花过程

授粉后的雌花很快会变干。

3. 授粉方法

(1) 人工点授 用毛笔蘸少许花粉（可加入 10 倍淀粉或滑石粉稀释），在雌花适宜的受粉时期点授（图 7-10），或置于花的前方吹口气。一般蘸 1 次花粉可授 3 ～ 5 朵雌花，先点的轻些，后点的重些。若花粉量较大，也可采用授粉器喷授。

图 7-10 人工点授

(2) 挂雄花序 雌花期，采集刚要散粉的雄花序，10 个为一束，挂在树冠迎风面上部，可依靠风力自然授粉。也可将含苞待放的雄花枝插在装有水的瓶中，再挂于树上，可延长散粉时间。

(3) 抖授花粉 将稀释 10 倍的花粉装入双层或三层纱布袋中（已较容易透出花粉为准），封好口，挂于竹竿顶端在树冠上方抖动，也可挂在树的顶端靠风力吹散花粉实现授粉。

(4) 喷授法 将花粉与营养液（含 10% 蔗糖和 0.02% 的硼酸）按 1 ：5000 配成授粉液，用喷壶或喷雾器进行喷授。

（二）花期喷硼

硼能促进花粉发芽、花粉管生长、子房发育、提高坐果率和增进果实品质，因此，在盛花期细致地对花朵喷一次 300 ～ 350 倍硼砂（或 0.02% 的硼酸）加 10% 的蔗糖，除可满足树所需要的硼元素外，还可增加柱头黏液，使花粉粒吸收更多的水分和养分，从而提高受精率和坐果率。注意硼砂不溶于冷水而溶于开水，所以硼砂在喷前要先用开水溶化后，再兑水喷施。

四、预防花期晚霜危害

核桃越冬期可抗 −28 ~ −20℃的低温，但萌动以后抗寒力剧降，0℃以下的低温对花和幼果非常不利。因此在花期和幼果期要注意天气变化，核桃一般年份很少发生晚霜危害，若遇气候异常，尤其是常发生晚霜危害的低洼地，做到早预报早防治。晚霜防治方法主要有以下几种。

1.灌水

一是早春萌芽前灌水，降低地温，推迟萌芽，避过霜害；一是晚霜来临前灌水，因为水比热大，气温低于 0℃时，水可以放出热量，增加园内小气候的温度，以降低霜害。

2.树干涂白

可减弱核桃树地上部分吸收太阳的辐射热，使早春树体温度升高较慢，从而推迟萌芽和开花期，避免早春霜害，同时还具有抗菌、杀灭虫卵和幼虫、防日灼的作用。涂白剂配制方法见第四章 – 四 –3（幼树越冬防寒）部分，充分搅拌均匀后涂刷树干和主枝基部。

3.熏烟

对于核桃树相对集中地区或核桃丰产园，可采取烟熏来增强果树抗寒能力。烟熏能减少土壤热量的辐射散发，同时烟粒吸收湿气，使水气凝成液体而放出潜热，故可防霜保温。方法是在核桃园内设放烟堆，烟堆的材料可就地取材。把易燃的秸秆、干草和潮湿的落叶、杂草等交互堆起，用土覆盖，留出点火及出烟口，根据气象部门预报霜冻的时间，即可点火发烟，保护核桃园免受冻害。

4.覆盖树体

此法较适用于零星核桃幼树。即在霜冻到来之前覆盖幼树或给幼树绑缚草把秸秆。对初果园及难以覆盖的果园可以在果园周围及行间树立草障以阻挡外来寒气袭击，保留散发的地温。

防霜注意事项：据观察，霜冻多在太阳出来温度迅速上升时，花朵和幼果的细胞由原来的“冷则紧缩”一下急剧“热则膨涨”从而把细胞壁涨破，导致伤花伤果。因此防霜不能天一亮就停止，而要燃烟至霜全部化完，并用烟雾来遮挡阳光，以免阳光直射到花朵或幼果上而加重伤害，故有“防霜不如防太阳”之说。在温度低于−5℃或多风时，烟熏法防霜效果不好。所以，如遇此情况最好能将烟熏和覆盖树体两种方法结合运用。

五、果实采收与采后处理

（一）果实采收

1.采收时期

当核桃青皮由绿色渐渐变淡，呈黄绿色或黄色，有近1/3的果实青皮出现裂缝，容易剥离时，即可采收（图7-11）。核桃在成熟前1个月内果实和坚果大小基本稳定，但出仁率和脂肪含量均随采收时间的推迟呈递增趋势。过早采收，出仁率、脂肪含量会降低；但过晚采收，种仁颜色会加深。不同品种采收期有所差异，多者会相差10～20天，北京地区一般在8月底至9月中旬采收，大多集中于“白露”前后。

图7-11　成熟果实青皮开裂

目前，我国核桃早采现象相当普遍，且日趋严重。一些城市近郊地区，为满足人们对“鲜核桃”的需求，适量适度早采尚且可以，但早采后又作为干核桃销售就太得不偿失了。有研究表明，提前采收15天，产量会减少10%。况且，早采的核桃青果不易离皮，不但增加脱青皮的用工，果面还不易清洗。提早采收也是我国核桃坚果品质下降的一个主要原因。因此，适时采收作为核桃栽培管理的一项重要技术措施，应引起种植者和管理者的足够重视。

2. 采收方法

目前，我国核桃多采用人工采收。树体矮化的核桃园，手摘即可。采摘时，不伤青皮。青皮伤后，易腐烂而污染果面。树体较高时，可采用打落法，即用竹竿或有弹性的软木杆从枝的侧面垂直打，或用钩子钩住摇动以震落果实，不可由外向里打，以免损伤过多枝芽。

国外，机械化程度较高的果园多采用机械振动法采收。采收前10 ~ 20天，树上喷500 ~ 2000毫克/千克的乙烯利催熟，采收时用机械振动树干将果实震落（图7-12）。其优点是易脱青皮，但往往会造成早期落叶而削弱树势。

图7-12　机械振动采收

采收时一定要按品种分别采收，避免品种混杂。在捡拾采收的核桃果实时，病虫果要与好果分别放置，以免以次充好，影响坚果整体质量。采收好的果实放在阴凉通风处，避免阳光暴晒，也不要堆积过厚，以免通风不良导致青皮腐烂而污染果面。

（二）采后处理

1. 脱青皮

核桃采收后，易离皮的青果要立即脱去青皮。对不易脱青皮的果实，可将青果堆放在庇荫通风处，厚度30～50厘米，一般3～5天即可离皮，切记不要堆放过厚、时间过长，更不能装在不透气的塑料袋内，否则青皮易腐烂变黑而污染果壳。也可用3000～5000毫克/千克的乙烯利溶液浸蘸青果，然后堆成30厘米左右厚度，放置在背阴通风处，2～3天后即可离皮。注意：青皮有伤、腐烂的果实要单独堆放，单独处理。

若核桃果实量大，有条件的可采用机械脱青皮。目前国内有许多厂家生产一些小型脱青皮的机械，一般每小时可处理1～2吨，并且有的可脱青皮、清洗一次完成（图7-13），大大提高工作效率。

图7-13　小型机械脱青皮

2. 清洗

为了满足市场对核桃坚果的外观要求，脱去青皮的坚果应及时用清水清洗干净。一般核桃坚果用清水清洗干净即可，无需漂白。对于确需漂白的厚壳核桃，可配制漂白液漂洗，一般1公斤漂白粉加6～8公斤温水化开，再兑入60～80公斤清水即配成漂白液。将要漂洗的湿核桃倒入漂白液，搅动8~10分钟，当果壳变得较白时捞出，用清水冲洗干净。注意：薄壳核桃，尤其是果壳露仁的核桃不能漂白，可漂白的核桃以不污染到核桃仁为原则。

3. 干燥

核桃干燥方法主要有日晒自然干燥和烘烤 2 种。洗好的坚果应在竹箔或高粱秸箔上阴干半天，再晾晒，坚果摊放的厚度不应超过两层果。一般经 5~7 天即可晾干。刚脱完青皮的坚果，若遇连雨天，种仁易长毛（若已晾晒 2 天，而阴雨天持续不超 3 天，在没有烘干条件下，将半干的坚果置于通风处摊开即可），应及时烘干。烘干可用火炕或烘干机，前期温度宜 25 ~ 30℃，最主要是保持通风以排除大量湿气，后期提高温度至 35 ~ 40℃。在湿核桃量大而烘干能力不足时，可烘至半干时取出摊放于通风处，再烘干清洗的湿核桃。一般青皮完好的青核桃放 5 ~ 7 天种仁不会有问题，而脱完青皮后，阴雨天堆放 3 天种仁就会长毛。

4. 分级

2006 年我国国家标准局颁布的《核桃坚果质量等级》国家标准中，以坚果外观、平均果重、取仁难易、种仁颜色、饱满程度、核壳厚度、出仁率、风味等指标将坚果分为 4 个等级（表 7-1）。

表 7-1　核桃坚果不同等级的品质指标（GB/T 20398−2006）

项目		特级	Ⅰ级	Ⅱ级	Ⅲ级
基本要求		坚果充分成熟，壳面洁净，缝合线紧密，无露仁、虫蛀、出油、霉变、异味等果，无杂质，未经有害化学漂白处理			
感官指标	果形	大小均匀，形状一致	基本一致	基本一致	
	外壳	自然黄白色	自然黄白色	自然黄白色	黄白或黄褐色
	种仁	饱满，色黄白、涩味淡	饱满，色黄白、涩味淡	较饱满，色黄白、涩味淡	较饱满，黄白或淡琥珀色、稍涩
物理指标	横径（毫米）	≥ 30.0	≥ 30.0	≥ 28.0	≥ 26.0
	平均果重（克）	≥ 12.0	≥ 12.0	≥ 10.0	≥ 8.0
	取仁难易度	易取整仁	易取整仁	易取半仁	易取 1/4 仁
	出仁率（%）	≥ 53.0	≥ 48.0	≥ 43.0	≥ 38.0
	空壳率（%）	≤ 1.0	≤ 2.0	≤ 2.0	≤ 3.0
	破损率（%）	≤ 0.1	≤ 0.1	≤ 0.2	≤ 0.3
	黑斑果率（%）	0	≤ 0.1	≤ 0.2	≤ 0.3
	含水率（%）	≤ 8.0	≤ 8.0	≤ 8.0	≤ 8.0
化学指标	脂肪含量（%）	≥ 65.0	≥ 65.0	≥ 60.0	≥ 60.0
	蛋白质含量（%）	≥ 14.0	≥ 14.0	≥ 12.0	≥ 10.0

（三）贮藏

长期贮存的商品核桃要求含水量不超过 7%。贮存时间不超过次年 3 ～ 4 月份，室温贮藏即可。若过夏，则需要低温贮藏。

室温内贮藏：将晾干的核桃装入布袋或麻袋，存放在干燥、通风、背光处即可，下面垫一隔层防潮。注意防鼠。

低温贮藏：核桃低温贮存在 4℃左右即可，不要与水果同放在一个冷库，若确需与水果存一库，可将核桃用聚乙烯袋密封以防潮。一般需条件，核桃低温下可贮藏 2 年。

第八章 病虫害防治

及时合理地防治病虫害是核桃健康生长并实现优质丰产的基础。在我国，为害核桃的病虫害种类较多，已知的病害有30多种，害虫有120余种。依受害部位可分为：果实病虫害、叶部病虫害、枝干病虫害和根部病虫害等。尽管核桃病虫害种类较多，在我国不同生态区和产区，多以某一种或几种为主，应因地制宜地进行有针对性的防治。

一、防治原则和方法

(一)防治原则

以预防为主，进行综合防治。以农业和物理防治为基础，生物防治为核心，根据病虫害发生规律和经济阈值，因时、因地制宜，合理运用人工、生物、物理、化学等防治措施，经济、安全、有效地控制病虫害。

(二)防治方法

1.农业防治

通过种植抗病的品种，加强果园管理，创建良好的生态条件，使树体生长健壮，增加机体的抗病能力。销毁病虫枝叶及易滋生害虫的杂草，控制病虫害源。

2.人工防治

利用人工捕捉或使用器械阻止、诱集、震落等手段消灭害虫。

3.物理防治

根据害虫生物学特性，采取糖醋液、树干缠草绳和黑光灯等方法诱杀害虫。

4.生物防治

充分利用寄生性、捕食性天敌昆虫及病原微生物，调节害虫种群密度，将其种群数量控制在为害水平以下。饲养释放天敌，补充和恢复天敌种群。限制有机合成农药的使用，减少对天敌的伤害。

5.化学防治

(1) 用药原则　根据防治对象的生物学特性和危害特点，允许使用生物源农药、矿物源农药和低毒有机合成农药，有限制地使用中毒农药，禁止使用剧毒、高毒、高残留农药。

(2) 允许使用的农药种类　杀虫剂主要有：25% 灭幼脲 3 号悬浮剂、50% 马拉硫磷乳油、50% 辛硫磷乳油、苏云金杆菌等。

杀菌剂主要有：果富康（又叫“9281”，主要成分：过氧乙酸）、5% 菌毒清水剂、80% 喷克、80% 大生、70% 甲基托布津、50% 多菌灵、波尔多液、70% 代森锰锌、70% 乙磷铝锰锌、75% 百菌清等。

(3) 限制使用的农药　限制使用的农药多为中等毒性，一般每年可使用 1 次。包括: 2.5% 功夫乳油、20% 灭扫利乳油、80% 敌敌畏乳油、50% 杀螟硫磷乳油、20% 氰戊菊酯乳油、2.5% 溴氰菊酯乳油等。

(4) 禁止使用的农药　包括甲拌磷、乙拌磷、久效磷、对硫磷、甲基对硫磷、甲基异硫磷、氧化乐果、磷胺、克百威、涕灭威、灭多威、杀虫脒、三氯杀螨醇、克螨特、滴滴涕、六六六、林丹、氟化钠、氟乙酰胺、福美胂及其他砷制剂等。

(5) 科学合理使用农药

①加强病虫害的预测预报，做到有针对性适时用药，未达到防治指标或益害虫比合理的情况下不用药。要掌握病虫防治的关键时机，在预测预报和调查研究的基础上，确切了解病虫发生发展的动态，抓住薄弱环节，做到治早治小，一般病害在病菌侵入前期和初期，虫害在幼虫的低龄期使用农药效果理想。

②允许使用的农药，每种每年最多使用 2 次，最后一次施药距采收期间隔应在 20 天以上；限制使用的农药，每种每年最多使用 1 次，施药距采收期间隔应在 30 天以上；严禁使用禁止使用的农药和未核准登记的农药。

③根据天敌发生特点，合理选择农药种类、施用时间和施用方法，保护天敌。

④注意不同作用机理的农药交替使用和合理混用，以延缓病菌和害虫产生抗药性，提高防治效果。

⑤安全正确用药。包括防止人、畜中毒，环境污染和林木药害。喷施药剂应注意：严格按说明使用农药，喷药要做好防护工作，要选择晴朗无风的天气，药液要均匀喷到植物表面。

二、病虫害综合预防

病虫害防治以预防为主，防、治结合。以下这些工作是果园管理的基础工作，做得好可以大大减少病虫的危害，减少药剂防治成本。

1. 深翻果园

封冻时期进行，即把表层土壤、落叶和杂草等翻埋到下层，同时把底土翻到上面，深度以 25 ～ 30 厘米为宜。深翻既可以破坏害虫的越冬场所，把害虫翻到地表上杀死、冻死或被鸟和其他天敌吃掉，减少害虫越冬数量；又可疏松土壤，利于果树根系生长。

2. 树干涂白

涂白以 2 次为好，第一次在落叶后到土壤结冻前；第二次在早春。涂白部位应以主干和较粗的主枝为主，不可将全树涂白，以免造成开春烧芽。涂白可减轻日灼、冻害等危害，兼治树干病虫害。涂白剂的配制：①石灰∶石硫合剂原液∶食盐∶水∶豆汁 =10 ∶ 2 ∶ 2 ∶ 36 ∶ 2；②水∶石灰∶食盐∶硫磺粉∶动物油 =100 ∶ 30 ∶ 2 ∶ 1 ∶ 1，混匀（见第四章，图 4-12）。

3.彻底清园

萌芽前进行，要彻底清扫果园中的枯枝落叶、病僵果和杂草，集中烧毁或堆集起来沤制肥料，可降低病菌和害虫越冬数量，减轻病虫害的发生。

4.喷施石硫合剂

萌芽前，全树喷施3～5度的石硫合剂，不留死角。可以预防病害，杀灭蚜虫、红蜘蛛等害虫虫卵。

三、常见病害及其综合防治

（一）常见病害

1.核桃细菌性黑斑病

核桃黑斑病（图8-1）又叫核桃黑斑病、核桃黑、黑腐病，在我国核桃产区均有不同程度发生，是一种世界性病害。新疆早实核桃发病较重，严重造成早期落叶，果实变黑、腐烂、早落，或使核仁干瘪减重，出油率降低。

图8-1　核桃黑斑病病叶、病果

(1) 病害症状　病菌主要危害果实，其次是叶片、嫩梢及枝条。核桃幼果受害后，开始在果面上出现黑褐色小斑点，后形成圆形或不规则形黑色病斑并下陷，外围有水渍状晕圈。果实由外向内腐烂，

常称之为“核桃黑”。幼果发病，因果壳未硬化，病菌可扩展到核仁，导致全果变黑，早期脱落。当果壳硬化后，发病病菌只侵染外果皮，但核仁不同程度地受到影响。叶片感病，首先在叶脉及叶脉的分叉处出现黑色小点，而后扩大成近圆形或多角形黑褐色病斑，外缘有半透明状晕圈。雨水多时，叶面多呈水渍状近圆形病斑，叶背更为明显。严重时，病斑连片扩大，叶片皱缩，枯焦，病部中央变成灰白色，有时呈穿孔状，致使叶片残缺不全，提早脱落。枝梢上病斑呈长圆形或不规则形，褐色稍凹陷，病斑绕枝干一周，造成枝梢叶落。

(2) 发病规律 属细菌性病害，病原细菌在感病枝条、芽苞或茎的老病斑上越冬。翌年春天借雨水和昆虫活动进行传播，首先使叶片感病，再由叶传播到果实及枝条上。细菌能侵入花粉，所以花粉也可成为病菌的传播媒介。每年 4 ~ 8 月份发病，反复侵染多次。病菌侵入果实内部时，核仁也可带菌。

细菌从皮孔和各种伤口侵入。举肢蛾、核桃长足象、核桃横沟象等在果实、叶片及嫩枝上取食或产卵造成的伤口，以及灼伤、雹伤都是该菌侵入的途径。核桃黑斑病的发生及发病程度与温湿度关系密切。在多雨年份和季节（春、夏雨水多）发病早而严重。

核桃最易感病期是在展叶和开花期，当组织幼嫩、气孔充分开放或伤口多、表面潮湿的情况下，有利病菌侵入。据报道，细菌侵染幼果和适温是 5 ~ 27℃，侵染叶片的适温是 4 ~ 30℃。一般雨后病害迅速蔓延。

该病菌能侵染多种核桃。不同品种、类型、树龄、树势的植株发病程度均不同。一般新疆核桃在内地表现较重，弱树重于健壮树，老树重于中幼龄树。虫害多的植株或地区发病严重。

(3) 防治方法

①选用抗病品种，一般华北等地的晚实核桃抗病性要强于新疆早实核桃。

②加强栽培管理，保持健壮均衡的树势，增强树体的抗病能力。

③可适当稀植，并提高定干高度，使树体保持良好的通风透光条件。

④结合修剪清除病枝、病果并烧毁，减少初次感染病源。

⑤及时防治举肢蛾、蚜虫等害虫，减少伤口和传播媒介。

⑥药剂防治应抓住两个关键防治期：雌花出现前和幼果期，可用50毫克/千克的农用链霉素+2%硫酸铜、半量式波尔多液、70%甲基托布津800倍液、40%的退菌特800倍液等。

2.核桃炭疽病

在北京、山西、山东、河北、河南、陕西、新疆等地均有发生。主要为害果实，也为害叶片、芽和新梢。果实受害后引起早期落果或核仁干瘪，影响产量和品质。

(1)病害症状 炭疽病是核桃果实的一种主要病害，果实受害后，果皮上出现圆形或近圆形病斑，中央下陷并有小黑点，有时呈同心轮纹状，空气湿度大时，病斑上有粉红色突起（分生孢子盘和分生孢子）。严重时，病斑连片，使果实变黑腐烂或早落（图8-2）。成熟前感病的果实病斑局限于青皮，对核仁影响不大。叶片感病后，多在叶尖、叶缘形成大小不等的褐色枯斑，叶外缘枯黄，或在主侧脉间出现长条枯斑或圆褐斑，严重时叶片枯黄脱落。芽、嫩梢、叶柄、果柄感病后，出现不规则下陷的黑褐色病斑，造成芽梢枯干，叶果脱落。

(2)发病规律 属真菌病害，病菌以病丝、分生孢子在病枝、病果、

图8-2 核桃炭疽病病果

叶痕及芽鳞中越冬，成为次年初次侵染源。分生孢子借风雨和昆虫传播，在25～28℃条件下，潜育期3～7天。发病期比黑斑病稍晚，

北京地区多在 7 ～ 8 月份，雨季早、雨量大、树势弱、密度大而通风透光不良以及管理粗放情况下发病早且严重；一般早实核桃不如晚实核桃抗病。

(3) 防治方法

①选用抗病品种，一般晚实核桃抗病性要强于早实核桃。

②合理控制密度，加强栽培管理，改善通风透光条件，提高树体营养水平，增强树势，提高抗病能力。

③及时检查，结合修剪，剪除病虫枝、清除病果并集中烧毁，用 50% 的甲基托布津或 65% 代森锰锌 200 ～ 300 倍液涂抹剪锯口和嫁接口部位，并进行树干涂白。

④喷药防治。发芽前可喷 3~5 波美度的石硫合剂，生长期及时摘除病果，喷施杀菌剂（1 ： 2 ： 200 的波尔多液、40% 的退菌特可湿性粉剂、70% 甲基托布津可湿性粉剂 1000 ～ 1200 倍液、75% 的多菌灵可湿性粉剂 1200 倍液、80% 代森锰锌可湿性粉剂 1000 ～ 1200 倍液），发病严重地园片，可半月喷施 1 次。

3. 核桃腐烂病

又名黑水病（图 8-6）。在北京、山西、山东、河北等地均有发生，从幼树到大树均有受害。核桃进入结果期后，如管理不当，缺肥少水，负荷太大，树势衰弱，腐烂病发生严重造成枝条枯死，结果能力下降，严重时引起整株死亡。

(1) 病害症状　核桃腐烂病主要为害枝干树皮，因树龄和感病部位不同，其病害症状也不同，大树主干感病后，病斑初期隐藏在皮层内，俗称“湿囊皮”。有时多个病斑连片成大的斑块，周围聚集大量白色菌丝体，从皮层内溢出黑色粉液。发病后期，病斑可扩展到长达 20 ～ 30 厘米。树皮纵裂，沿树皮裂缝流出黑水（故称黑水病），干后发亮，好似刷了一层黑漆。幼树主干和侧枝受害后，病斑初期近于梭形，呈暗灰色，水浸状，微肿起，用手指按压病部，流出带泡沫的液体，有酒糟气味。病斑上散生许多黑色小点，即病菌的分生孢子器。当空气湿度大时，从小黑点内涌出橘红色胶质丝状物，为病菌的分生

孢子角。病斑沿树干纵横方向发展，后期病斑皮层纵向开裂，流出大量黑水，当病斑环绕树干一周时，导致幼树侧枝或全株枯死。枝条受害主要发生在营养或 2 ～ 3 年生的侧枝上，感病部位逐渐失去绿色，皮层与木质剥离迅速失水。使整枝干枯，病斑上散生黑色小点的分生孢子器。

(2) 发病规律 属真菌病害，病菌以菌丝体及分生孢子器在病组织上越冬。翌年早春树液流动时，病菌孢子借雨水、风力、昆虫等传播。从各类伤口侵入，逐渐扩展蔓延危害。在 4 ～ 9 月份成熟的分生孢子器，每当空气湿度大时，陆续分泌出分生孢子角，产生大量的分生孢子，进行多次侵染危害，直至越冬前停止侵染。春秋两季为一年的发病高峰期，特别是在 4 月中旬至 5 月下旬为害最重。一般在核桃树管理粗放，土层瘠薄，排水不良，肥水不足，树势衰弱园区或遭受冻害及盐害的核桃树易感染此病。

(3) 防治方法

①选择好园地，加强栽培管理，提高树体营养水平，增强树势，提高抗病能力。

②选用抗病品种，一般华北等地的晚实核桃抗病性要强于新疆早实核桃。

③及时检查，发现病斑及时刮治，方法见本节“（二）病害综合防治”，将刮除的病皮病斑集中烧毁。

④冬前结合修剪，剪除病虫枝并集中烧毁，用 50% 的甲基托布津或 65% 代森锰锌 200 ～ 300 倍液涂抹剪锯口和嫁接口部位，并进行树干涂白。

4. 核桃枝枯病

主要危害核桃枝干，造成枝干枯干，对树体发育和核桃产量有很大影响。

(1) 病害症状 多在 1 ～ 2 年生枝梢或侧枝上发病 (图 8-3)，然后从顶端向主干逐渐蔓延，受害枝条皮层颜色初期呈暗灰褐色，而后变为浅红褐色，最后变成深灰色，不久在枯枝上产生密集小黑点（分生孢子盘），湿度大时，大量分生孢子和黏液从中涌出，在盘口形成

黑色小瘤状突起。

(2) 发病规律　属真菌病害，病菌在病枝上越冬，为翌年初次侵染源。孢子借风雨传播，通过伤口侵入，5~6 月份发病，7~8 月份为发病盛期。病菌属于弱寄生菌，凡生长衰弱的枝条受害较重。此外，冻害及春旱严重的年份，发病也较重。

(3) 防治方法　参见“腐烂病防治”和“病害综合防治”。

图 8-3　核桃枝枯病病枝

5. 核桃褐斑病

主要为害叶片，也为害果实和新梢，引起早期落叶，枯梢，影响树势和产量。

(1) 病害症状　叶片感病后首先出现小褐斑，扩大后呈近圆形或不规则形，直径 0.3 ～ 0.7 厘米，中间灰褐色，边缘不明显，呈黄绿色至紫色。病斑上有略呈同心轮纹状排列的黑褐色小点（分生孢子盘与分生孢子）。病斑扩大连成片后易造成早期落叶。果实上的病斑较叶上的小，凹陷，扩展后果实变黑腐烂（图 8-4）。

(2) 发生规律　属于真菌性病害，病菌在病叶或病枝上越冬，第二年春天从伤口或皮孔侵入叶、枝或幼果，5 月中旬至 6 月开始发病，

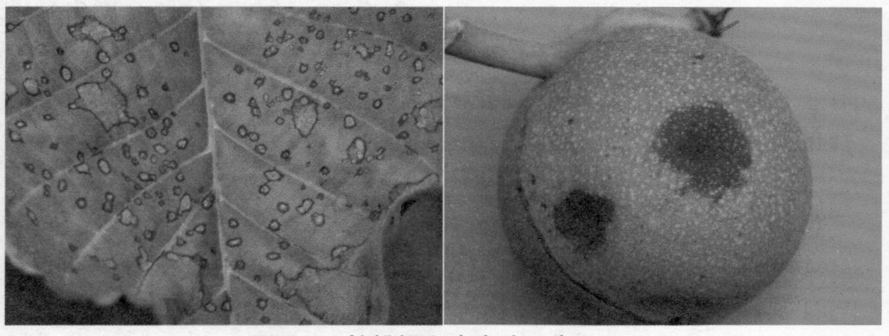

图 8-4　核桃褐斑病病叶、病果

7 ～ 8 月份为发病盛期，多雨年份或雨后高温、高湿时发病迅速。病害严重时 8 月份病叶大量脱落，9 ～ 10 月份重生新叶，开二次花，严重衰弱树势。

(3) 防治方法　药剂防治：花期前后各喷一次杀菌剂，如 70% 甲基托布津可湿性粉剂 1000 ～ 1200 倍液、75% 的多菌灵可湿性粉剂 1200 倍液、80% 代森锰锌可湿性粉剂 1000 ～ 1200 倍液、1 ∶ 2 ∶ 200 的波尔多液等。

其他防治方法见“病害综合防治”。

6. 核桃白粉病

主要为害叶片，也为害嫩枝、果实等绿色部位，可引起早期落叶，影响树势和产量。

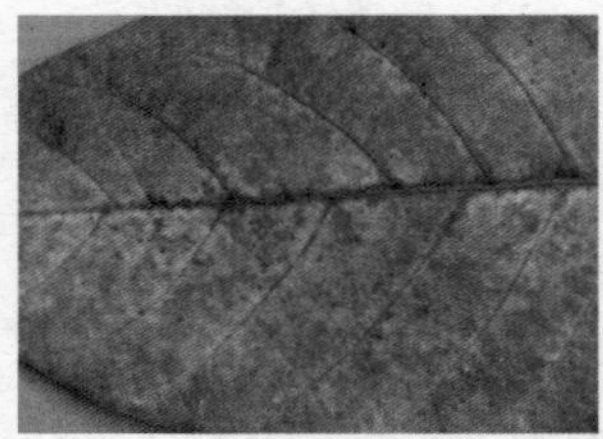

图 8-5　核桃白粉病病叶

(1) 病害症状　叶片感病后，初期叶面产生退绿或黄色斑块，继而在叶片正面或背面产生白色、圆形粉层（图 8-5），即病菌的菌丝和无性阶段的分生孢子梗和分生孢子。后期在在粉层中产生褐色至黑色小点粒，或粉层消失只见黑色小点粒，即病菌有性阶段的闭囊壳。病菌侵害幼果后，病果皮层退绿、畸形，形成白色粉状物，严重时导致裂果。

(2) 发生规律　属于真菌性病害，病菌以闭囊壳在脱落的病叶上越冬，第二年春天闭囊壳破裂放出子囊孢子，随气流传播，进行初次侵染。华北地区 7 ～ 8 月份发病，以分生孢子进行多次再侵染。秋季病叶上产生黑色小点粒即闭囊壳，随病叶脱落，进入越冬阶段温暖而干燥的气候有利于此病害发展。氮肥过多，组织幼嫩及秋梢新叶易感病。

(3) 防治方法

①合理施肥灌水，加强树体管理，增强抗病能力。

②及时清除病叶并销毁，减少侵染源。

③药剂防治：根据白粉病菌丝表生的特点，选择对该菌极敏感的

杀菌剂，一般硫制剂效果较好，发病初期可喷0.2～0.3度的石硫合剂，夏季用70%甲基托布津可湿性粉剂1200倍液、15%的粉锈宁可湿性粉剂1500倍液、80%代森锰锌可湿性粉剂1000～1200倍液等杀菌剂防治。

其他防治方法见“病害综合防治”。

以上列举的为北京地区核桃常见的病害，其他如枝干病害“溃疡病”可参考“腐烂病”的防治；叶部病害可参考“褐斑病”的防治；“煤污病”可参考“白粉病”的防治。

一般核桃园，尤其病害较重的园，通常不只一种病害，可主治主要病害，兼顾其他病害。由于大多杀菌剂具有广谱性，在防治主要病害的同时，也可兼治其他病害。

一般情况下，在做好本章第二部分“核桃病虫害综合预防”和本节下文所提的“核桃病害综合防治”，就能很好地预防和控制核桃的病害。

（二）核桃病害综合防治

在做好上述“病虫害综合预防”工作基础上，对新建和病害很少的果园，每年6～8月喷施1～3次保护性杀菌剂即可，雨水较多的年份可多喷1～2次。保护性杀菌剂可选用波尔多液、代森锰锌等。

对已有病害发生的果园可采取以下措施：

1. 有枝干病害的果园，必须进行刮除疗法。3～4月份为枝干病害高发期，枝干病害较重，必须将病斑刮除；若较轻，将外皮刮掉，用小刀每5毫米左右纵向划割，深达木质。然后涂4～5倍的“果富康”（又叫“9281”等名，其有效成分为过氧乙酸），要涂匀涂透，2～3小时后涂第二次，第二天再涂1次即可（图8-6）。也可按说明书用其他治疗果树腐烂病的药剂。

2. 坐果后，一般在5月上旬，叶面喷施内吸性低毒杀菌剂1次。药剂可选用多菌灵、甲基托布津等。

3. 雨季前，一般在6月上旬，叶面喷施内吸性低毒杀菌剂1次。药剂选用同上。

4. 雨季，6月中旬至8月中旬，根据雨水多少和病害程度，喷施

图 8-6　枝干病害治疗

保护性杀菌剂 2 ～ 4 次。

病害防治知识

(1) 保护性杀菌剂　保护性杀菌剂在植物体外或体表直接与病原菌接触，杀死或抑制病原菌，使之无法进入植物，从而保护植物免受病原菌的危害。其作用有两个方面：一是药剂喷洒后与病原菌接触直接杀死病原菌，即“接触性杀菌作用”；另一种是把药剂喷洒在植物体表面上，当病原菌落在植物体上接触到药剂而被毒杀，称为“残效性杀菌作用”。主要在发病前期和初期使用，有石硫合剂、波尔多液、代森锰锌、克菌丹、井冈霉素、百菌清等。

(2) **内吸性杀菌剂** 施用于作物体的某一部位后能被作物吸收，并在体内运输到作物体的其他部位发生作用。有两种传导方式，一是向顶性传导，即药剂被吸收到植物体内以后随蒸腾流向植物顶部传导至顶叶、顶芽及叶内、叶缘。目前的内吸性杀菌剂多属此类。另一种是向基性传导，即药剂被植物体吸收后于韧皮部内沿光合作用产物的运输向下传导。内吸性杀菌剂中属于此类的较少。还有些杀菌剂如乙磷铝等可向上下两个方向传导。内吸性杀菌剂主要有多菌灵、甲基硫菌灵、异菌脲、甲霜灵、三唑酮等。

四、主要虫害及其防治

北京地区核桃的主要虫害有：核桃举肢蛾、金龟子、草履蚧壳虫、大青叶蝉等。

1. 核桃举肢蛾

(1) **为害** 主要为害果实，幼虫蛀入为害，在青皮内蛀食多条隧道，充满虫粪，被害处青皮变黑，危害早者种仁干缩、早落，晚者变黑，

图 8-7 核桃举肢蛾

俗称“核桃黑”（如图 8-7）。

(2) **发生规律** 一年发生 1 ~ 2 代。以老熟幼虫在土壤中结茧越冬，

第二年5月中旬至6月中旬化蛹，成虫发生期在6月上旬至7月上旬，幼虫一般在6月中旬是为害盛期。卵期4～5天，幼虫在果面仅停留3～4小时后就蛀入果内，在果内30～45天后脱果。该虫的发生与降雨量关系密切，在5～6月成虫羽化期，降雨量少于30毫米，发生就轻，反之则重。

(3) 防治方法

①在采收前，即核桃举肢蛾幼虫未脱果以前，集中拾、烧虫果，消灭越冬虫源。

②采用性诱剂诱捕雄成虫，减少交配，降低子代虫口密度。5～6月挂杀虫灯诱杀成虫（图8-8）。

图8-8　挂杀虫灯

③冬季翻耕树盘，对减轻为害有很好的效果，将越冬幼虫翻于2～4厘米厚的土下，成虫即不能出土而死。一般农耕地比非农耕地虫茧少，黑果率也低。

④药剂防治：幼虫初孵期（一般在6月上旬至7月下旬），每10～15天喷每毫升含孢子量2亿～4亿白僵菌液或青虫菌或“7216”杀螟杆菌(每克100亿孢子)1000倍液（阴雨天不喷，若喷后下大雨，雨后要补喷）。也可采用40%硫酸烟碱800～1000倍液，使用时混入0.3%洗衣粉可增加杀虫效果。

2. 金龟子类

常见的有铜绿金龟子、暗黑金龟子等。

(1) 为害　其幼虫俗称“蛴螬”，一般生活于土中，啮食植物根和块茎或幼苗等地下部分，为主要的地下害虫。成虫（图8-9）为害期一般在3月下旬至5月下旬，常早、晚活动，在傍晚至晚上10时咬食最盛，取食核桃嫩芽、嫩枝、叶片和花柄等，以核桃萌芽期为害最重。

(2) 发生规律

①铜绿金龟子 一年1代。以幼虫在土壤内越冬。翌年5月上旬

图 8-9　金龟子成虫

成虫出现，5 月下旬达到高峰。黄昏时上树为害，半夜后即陆续离去，潜入草丛或松土中，并在土壤中产卵。成虫有群集性、假死性、趋光性，闷热无风的夜晚为害最烈。

②暗黑金龟子　一年 1 代。以幼虫和成虫在土壤内越冬。翌年 4 月成虫开始出土，下旬出现第一次小高峰，6 月下旬是最高峰。活动和为害习性同铜绿金龟子。

(3) 防治方法

①成虫发生期（3 月下旬至 5 月上旬），用堆火或黑光灯或挂频振式杀虫灯诱杀。

②利用其假死习性，每天清晨或傍晚，人工震落捕杀。

③发生严重时，可以喷施：1%绿色威雷 2 号微胶囊水悬剂 200 倍液；25% 灭幼脲Ⅲ号胶悬剂 1500 倍液；烟 · 参碱 1000 倍液。

3. 草履蚧壳虫

(1) 为害　若虫喜欢在隐蔽处群集危害，尤其喜欢在嫩枝、芽等处吸食汁液 (图 8-10)。致使树势衰弱，甚至枝条枯死，影响产量。一般 3 日龄前不太活跃，3 日后行动比较活泼。被害枝干上有一层黑霉，受害越重，黑霉越多。

(2) 发生规律　该虫一年发生 1 代。以卵在树冠下土块和裂缝以及烂草中越冬。一般 2 月上中旬开始孵化为若虫，上树危害，

图 8-10　草履蚧壳虫

雄虫老熟后即下树，潜伏在土块、裂缝中化蛹。雌虫在树上继续危害到 5 ～ 6 月，待雄虫羽化后飞到树上交配，交配完成后雄虫死亡，雌虫下树钻入土中或裂缝以及烂草中产卵，而后逐渐干缩死亡。

(3) 防治方法

1）若虫上树前（一般在 2 月上旬），在树干的基部（离地 50 厘米左右）将翘皮刮除（高度在 20 厘米左右），并在刮皮处缠上宽胶带，在胶带上涂 10 ～ 15 厘米宽的黏胶剂，防止若虫上树为害，树下根颈部表土喷 6% 的柴油乳剂。黏胶剂的配制：①用黄油、敌杀死、废机油按照 2 ： 0.5 ： 1 的比例配制；②用机油和沥青（或柴油和松香粉）按照 1 ： 1 的比例配制，加热熔化后备用即可。

2）萌芽前树上喷 3 ～ 5 度的石硫合剂；若虫上树初期，喷 0.5% 果圣水剂（苦参碱和烟碱为主的多种生物碱复配而成的广谱、高效杀虫杀螨剂）或 1.1%烟百素乳油（烟碱、百部碱和楝素复配剂），也能收到一定效果。

3）保护好黑缘红瓢虫、暗红瓢虫等天敌。

4. 大青叶蝉

(1) 为害 晚秋成虫产卵于树干和枝条的皮层内，造成许多新月型伤疤（图 8-11），致使枝条失水，抗冻及抗病力下降。

(2) 发生规律 一年发生 3 代，以卵在枝干的皮层下越冬。次年

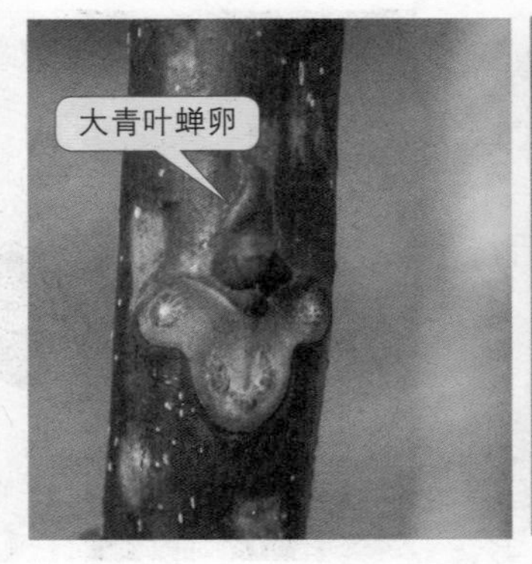

图 8-11 大青叶蝉为害枝条

4月孵化，若虫转移到蔬菜、作物、杂草上为害。第一代、第二代主要为害玉米、谷子、杂草等，第3代为害晚秋作物，10月上旬至11月上旬成虫在核桃等果树上产卵为害。成虫有趋光性。

(3) 防治方法

①清洁果园及附近的杂草，以减少虫量。

②成虫期，利用其趋光性用黑光灯（或篝火）诱杀。

③产卵前树干涂白，产卵后可用小木棍将卵压死。

④药剂防治：10月份霜降前（产卵期）喷4.5%高效氯氰菊脂1500倍液或20%叶蝉散乳剂155倍液。

5. 蚜虫

(1) 为害　蚜虫喜欢在叶背面吸食汁液（图8-12），叶上常有蜜露分泌物。

(2) 发生规律　一年发生10余代。以卵在芽腋和树皮的裂缝处越冬。核桃萌芽时开始孵化。产生无翅胎生雌蚜，群集叶背面吸汁危害。5～6月危害较重。5月出现有翅蚜，迁移到其他作物或杂草上，秋季迁回，产生两性蚜，交配，产卵越冬。

图8-12　蚜虫为害

(3) 防治方法

①保护瓢虫、草蛉等天敌。

②清洁果园，萌芽前树上喷3～5度的石硫合剂。

③发生期药剂防治，药剂可选用25%吡虫啉可湿性粉剂3500倍液，50%抗蚜威2000倍液，或50%溴氰菊酯3000倍液（其他药剂参考说明书使用），7～10天1次，一般用药1～2次即可控制。

6. 刺蛾类

有黄刺蛾、绿刺蛾、扁刺蛾等，俗称“痒辣子”。

(1) 为害　幼虫群集为害叶片（图8-13），将叶片吃成网状，幼

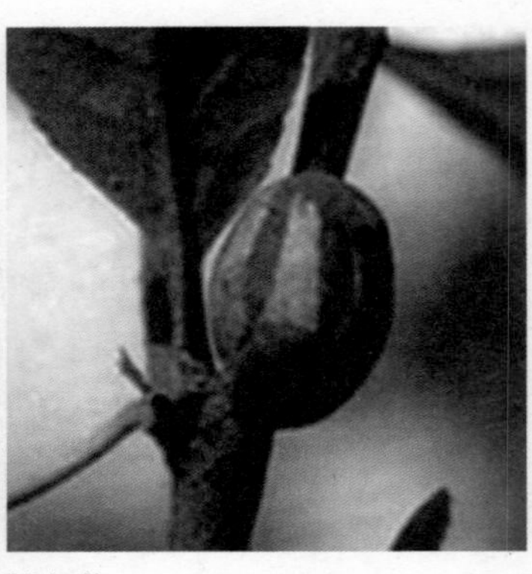

图 8-13　刺蛾为害及越冬茧

虫长大后分散为害，严重时将叶片吃光。幼虫长有毒毛，触及人体后会刺激皮肤痒痛。

(2) 发生规律　一年发生多发生 1 ～ 2 代。以老熟幼虫在枝杈、枝条上或土中结茧越冬。6 月成虫羽化，白天静伏于叶面，在夜间交尾，卵产于叶背面。卵期 7 ～ 10 天，6 月中旬至 9 月幼虫为害期，8 月底后老熟幼虫陆续开始结茧。成虫有趋光性。

(3) 防治方法

①早春结合修剪剪除虫茧，低龄幼虫群集为害时摘除虫叶。

②利用成虫趋光性，用黑光灯或频谱式杀虫灯诱杀。

③保护、利用上海青蜂、姬蜂刺蛾广肩小蜂、螳螂等天敌。

④幼虫发生期，可选用苏云金杆菌（Bt）500 倍液、25% 西维因可湿性粉剂 500 倍液或 50% 溴氰菊酯 3000 倍液喷施。

7. 美国白蛾

从国外侵入，近年局部地区时有发生，因其危害性大，应引起警惕和重视。

(1) 为害　幼虫 4 龄前有吐丝结网习性，常数头幼虫群居网内食害叶肉，残留表皮，受害叶干枯呈现白膜状（图 8-14），5 龄后向树体各处分散直到全树叶片吃光。

(2) 发生规律　该虫一年多发生 2 代。以茧蛹在枯枝、落叶、表

图8-14　美国白蛾雌幼虫为害（左）、成虫（中）及雄成虫（右）

土层、墙缝等处越冬。越冬代成虫发生在4月初至5月底，第一代幼虫为害盛期在5月中旬至6月中旬，第一代成虫6月中旬至8月中旬，第二代幼虫为害盛期在7月至8月中旬。美国白蛾喜生活在阳光充足的地方，常在树冠顶端、外围为害。成虫有趋光性。

(3) 防治方法

①7～8月幼虫多在树冠上部及外围为害，极易发现虫叶，可摘除虫叶消灭幼虫。

②成虫期，挂杀虫灯、性诱扑器诱杀成虫。

③幼虫为害期选用3%除虫菊乳油600～800倍液，或7.5%鱼藤酮600～800倍液，或40%硫酸烟碱800～1000倍液，或25%幼灭脲2000倍液等多种杀虫剂喷雾防治。也可用苏云金杆菌（Bt）、美国白蛾病毒等生物制剂防治。

8.红蜘蛛类

(1) 为害　常以小群体在叶背面刺吸为害（图8-15），受害叶片主脉两侧出现灰黄斑，干旱年份为害重，严重时叶片枯焦并脱落。

(2) 发生规律　一年发生多代，因地区气候差异较大，北京地区多为6～10代。以交过尾的雌成螨或卵在树皮缝隙叶痕及落叶、杂草、土中越冬。气温上升至10℃以上时开始活动，出蛰期持续约40天。每完成1代经历卵、幼螨、前若螨、后若螨、成螨等5个时期，3次蜕变，一般需13～21天。6月份进入严重为害期，7～8月份繁殖快，

图 8-15　红蜘蛛为害

危害也重。9 月下旬出现越冬代成虫或越冬卵。

(3) 防治方法

①刮树皮、树干刷白、清理落叶、杂草等并集中烧毁，以杀死越冬螨及卵。

②萌芽前喷 3 ～ 5 度的石硫合剂。

③保护、利用中华草蛉、食螨瓢虫和捕食螨类等天敌。

④化学防治。为害期可喷施 40%三氯杀螨醇乳油 1000 ～ 1500 倍液，20%螨死净可湿性粉剂 2000 倍液，15%哒螨灵乳油 2000 倍液，1.8%阿维菌素 3000 倍液等防治。

9. 核桃缀叶螟

又名木镣粘虫、核桃卷叶虫、缀叶丛螟。

(1) 为害　以幼虫卷叶取食为害（图 8-16）。严重时把叶片吃光，影响树势和产量。

(2) 发生规律　该虫一年发生 1 代。以老熟幼虫于土中做茧越冬，入土深度一般在 10 厘米左右。翌年 6 月中旬开始化蛹，6 月下旬开始羽化，7 月中旬为羽化盛期。7 月上中旬开始出现幼虫，7 ～ 9 月为幼虫为害期。小幼虫在叶阳面为害，啃食叶肉，叶底面呈油纸状，常一二百头幼虫群栖为害。拉丝网，幼虫在网下取食。长大后逐渐分散，最后一虫一窝，将咬碎的叶片缀于虫窝旁。幼虫常在夜间取食、活动转移，白天静伏在卷包内很少取食。9 月中下旬老熟幼虫入土结

茧越冬。

图 8-16　核桃缀叶螟幼虫及其为害

(3) 防治方法

①在秋季和春季(封冻前或解冻后)，于受害树根颈附近挖虫茧，消灭越冬幼虫。

② 7 ~ 8 月幼虫多在树冠上部及外围枝叶上卷叶危害，极易发现虫叶，可摘除虫叶消灭幼虫。

③幼虫为害期选用 3%除虫菊乳油 600 ~ 800 倍液，或 7.5%鱼藤酮 600 ~ 800 倍液或 40%硫酸烟碱 800 ~ 1000 倍液或杀螟杆菌（50 亿 / 克）80 倍液等喷雾防治。

10. 云斑天牛

(1) 为害　以幼虫蛀食树干，成虫为害新梢嫩皮和叶片，严重时造成死树（图 8-17）。受害树树势衰弱，产量下降，且木材失去利用价值。

(2) 发生规律　两年 1 代。该虫以成虫或幼虫在被害树干内越冬。4 月中旬开始活动，5 月份成虫羽化盛期，6 月中下旬为产卵盛期，卵多产于距地面 2 米内的树干上，产卵前先咬一半月牙形刻槽，每处产卵 1 粒，卵期 10 ~ 15 天，1 雌虫可产卵 20 ~ 40 粒。初孵幼虫先在皮层内串食，经 1 个月左右转入木质部为害，幼虫入口处有大量粪屑排出。幼虫在虫道越冬，次年 8 月在虫道顶端做 1 蛹室化蛹，9 月羽化成成虫，并在其内越冬。

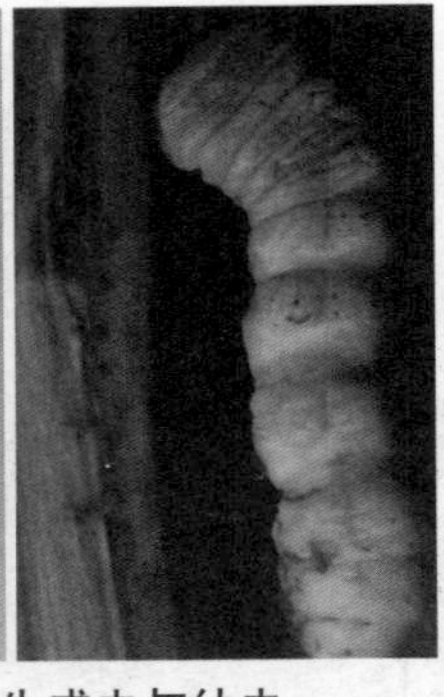
图 8-17　云斑天牛成虫与幼虫

(3) 防治方法

①利用成虫有趋光和假死习性，晚上用灯光引诱到树下扑杀。

②幼虫产卵期刮除树干上月牙形产卵槽中的虫卵和幼虫。

③幼虫危害期，发现虫孔后清除粪便，用棉球沾敌敌畏药液塞入虫孔，然后用稀泥封死，杀虫效果良好。

④冬季或产卵期前，用生石灰 5 千克、硫磺 0.5 千克、食盐 0.25 千克，水 20 千克充分拌匀后，涂刷树干基部，以防成虫产卵，也可杀死幼虫。

⑤ 7 ~ 8 月，在产卵刻槽上喷施 50% 杀螟乳剂 400 倍液等杀虫剂。

11. 核桃横沟象

又名核桃黄斑象甲、核桃根象甲（图 8-18）。

(1) 为害　以幼虫在核桃根际皮层中串食为害，使养分、水分传输受阻，轻者树势减弱，重者全株枯死。在陕西商洛、河南西部、甘肃陇西、四川绵阳、达县等地为主要害虫之一。

图 8-18　核桃横沟象成虫、幼虫及其为害

(2) 发生规律 两年1代，以幼虫和成虫在根际皮层中越冬。经越冬的老熟幼虫5月下旬化蛹，6月中旬为盛期，可延长至8月上旬。6月中旬开始羽化，7月上中旬为盛期，初羽化成虫在蛹室内停留10～15天，然后爬出取食树叶、根部皮层。8月上旬开始产卵，10月中旬停止，卵多产于根和嫩根皮层中，1处多产1粒，个别2粒。10月底至11月初成虫到根际皮缝中越冬，次年3月下旬至4月上旬核桃萌芽后出蛰，取食叶片，5月中旬至8月上旬产卵于根际皮层，产卵结束后成虫死亡。每雌成虫平均产卵60粒，最多产111粒，其爬行快而飞翔能力差，有假死和弱趋光性。幼虫多集中在5～20厘米深的根际皮层为害，个别沿主根向下可深达45厘米，部分在表土上层沿皮层为害。

(3) 防治方法

①春季将树干基部土壤挖开晾墒，减低根部湿度，造成不利的环境条件，使幼虫死亡。或用斧砍破皮层，用5倍敌敌畏喷后封土。

② 5月至6月成虫产卵前，将根颈部刨开，用浓石灰浆封住根际，阻止成虫产卵。

③成虫发生期，在根颈部捕捉成虫，或用树上喷施50%辛硫磷乳油1200倍液（可兼治其他害虫），或用1～1.5千克/亩的“741”插管烟雾剂流动放烟熏杀成虫。

④保护、利用伯劳、寄生蝇、白僵菌等横沟象的天敌。

12.其他害虫

其他害虫如：木橑尺蠖、核桃舞毒蛾、核桃瘤蛾等食叶害虫可参考“美国白蛾”、“核桃缀叶螟”的防治；桃柱螟、核桃象甲等食果害虫可参考“核桃举肢蛾”的防治；芳香木蠹蛾、黄须球小蠹等蛀干害虫可参考“云斑天牛”、“核桃横沟象”的防治。

一般害虫若量少不造成危害，可不治，利用天敌实现生态防治。若有危害，可在幼虫期见虫喷施药剂，有趋光性的害虫在成虫期挂杀虫灯。

附　录

核桃周年管理作业历（北京地区）

时期	物候期	作业内容	技术措施
3月	萌芽前	1. 整地、施肥、灌水 2. 栽植 3. 对防寒的幼树解除防寒 4. 播种 5. 剪砧	1. 整地，秋季未施基肥的园片补施基肥，对土壤较瘠薄的地块可适量补充化肥。修树盘，浇萌芽水（对干旱缺水的地块可覆地膜保水） 2. 新栽园片要做好栽树前的准备工作，如挖定植穴（1米见方），苗木的准备，肥料的准备等，栽树时要严格按照技术规程操作，注意栽后苗木的管理等 3. 对防寒的幼树解除防寒 4. 播种时床土要细，要和墒，种子要催芽 5. 夏季准备芽接的播种苗应进行剪砧（冬季越冬良好的地区可不进行）
		6. 病虫害防治 (1) 喷3～5度石硫合剂； (2) 树干涂粘胶环	1. 萌芽前喷3～5度石硫合剂，可有效防治核桃黑斑病、核桃腐烂病、螨类、草履蚧壳虫等病害的发生，对全年病虫害的防治起到至关重要的作用 2 . 树干涂胶环：在树干涂约10厘米宽的粘虫带，粘住并杀死上树的草履蚧壳虫小若虫。注意涂前要将树干刮平，绑上一块塑料膜
4月	萌芽、开花、展叶期	1. 修剪 2. 枝接苗木和高接换优 3. 疏雄 4. 防霜冻	1. 芽期，幼树整形修剪，（早实密植园）树形可采用开心形（无中央领导干，四周选留3～4个主枝）、小冠疏层形（有中央领导干，分2～3层，四周均匀选留5～7个主枝）、变则主干形（有中央领导干，不分层，四周均匀选留5～7个主枝）。对已成型的树，整形要根据具体情况因树作形，通过拉枝缓和长势，短截增强长势，通过疏果来调节长势，使四周和上下的树势均衡。在保证内外有足够枝量的情况下疏除过密枝，使每个枝组有充分的生长空间，每个部位有良好的通风透光条件 2. 苗木枝接和大树高接均用插皮舌接法，接穗要充实健壮。要做好接后的管理工作 3. 雄花芽膨大期，可疏除80%～90%的雄花芽（中下部可多疏，上部可少疏），节约树体养分，增强树势，提高产量 4. 注意收听天气预报，在霜冻来临之前晚12时在四周点火熏烟

		5. 病虫害防治 (1) 做好腐烂病的防治工作 (2) 金龟子的防治 (3) 草履蚧壳虫的防治 (4) 核桃黑斑病等病害的防治	(1) 春季是核桃腐烂病的发病高峰，也是其防治关键期，病斑应及早发现，及时治疗，清除病菌来源。病斑最好刮成菱形，刮口应光滑、平整，以利愈合。病斑刮除范围应超出变色坏死组织1厘米左右。要求做到“刮早、刮小、刮了”，刮下的病屑要集中烧毁。刮后病疤用50%甲基托布津可湿性粉剂50倍液，或50%退菌特可湿性粉剂50倍液，或波美5度石硫合剂，或1%硫酸铜液进行涂抹消毒 (2) 人工或黑光灯或安放糖醋盆诱杀金龟子，有条件的园片应安放频振式杀虫灯；树冠喷洒忌避剂：硫酸铜1千克、生石灰2～3千克、水160千克；发病严重的园片要进行药剂防治：成虫羽化盛期和产卵高峰期，地面喷洒天杀星500～800倍液或1%绿色威雷2号微胶囊水悬剂200倍液 (3) 草履蚧壳虫发病严重的地区，树下根颈部表土喷6%的柴油乳剂或若虫上树初期，用0.5%果圣水剂（苦参碱和烟碱为主的多种生物碱复配而成的广谱、高效杀虫杀螨剂）或1.1%烟百素乳油（烟碱、百部碱和楝素复配剂），也能收到一定效果同时要保护好黑缘红瓢虫、暗红瓢虫等天敌 (4) 雌花开花前后和幼果期喷50%的甲基托布津800～1000倍；40%的退菌特800倍1～2次
5月	果实膨大期	1. 苗圃管理，高接后管理 2. 施肥、灌水 3. 中耕除草 4. 夏剪	1. 高接树除萌、放风 2. 根据土壤墒情，有灌水条件的地方应普灌一次。5月中旬后可进行叶面喷肥，0.3%尿素或专用叶面微肥 3. 进行中耕除草，要求“除早、除小、除了”，并保证土壤疏松透气 4. 5月中旬开始夏剪，疏除过密枝，短截旺盛发育枝（增加枝量，培养结果枝组，但对夏剪幼树的当年生枝和新生二次枝一定要做好防寒），幼树枝头不短截，继续延长生长，扩大树冠，可通过疏果来调整长势
		5. 病虫害防治 (1) 核桃蚜虫的防治 (2) 核桃举肢蛾的防治	(1) 核桃新梢生长期，易受蚜虫的危害，严重园片应进行药剂防治，可用吡虫啉药剂防治 (2) 可用性诱剂监测举肢蛾的发生。树盘覆土防止成虫羽化出土

6月	花芽分化及硬核期	1. 芽接 2. 高接树管理 3. 中耕除草 4. 追肥	1.6月是芽接的黄金季节，芽接采用方块芽接，接穗要随采随接，避免长距离运输，接后留1～2片复叶 2. 高接树绑支架，除土袋 3. 中耕除草，用草覆盖树盘或翻压地下 4. 花芽分化前追肥，也可叶面喷肥
		5. 病虫害防治：注意核桃举肢蛾、刺蛾类、桃蛀螟和核桃褐斑病、核桃炭疽病等病害的防治	夏季进入高温、高湿的季节，是各种病虫的高发期，应注意监测，及时进行防治，此期主要采取灯光诱杀各种成虫和药剂防治的方法，喷药的时期应根据各种病虫害的发生发展规律抓住关键防治期进行喷药，严格按照要求选择用药，不用高毒、高残留和国家禁用农药，尽量采用各种低毒和生物、矿物和植物源类农药，不能随意降低药品的使用浓度
7月	种仁充实期	1. 芽接后的管理 2. 中耕除草	1. 芽接后及时进行去除萌蘖、及时解绑 2. 中耕除草（同上）。对水源条件较差的地块，要修树盘，覆草，以便蓄雨水，保墒情
		3. 病虫害防治	捡拾落果、采摘虫害果及时烧毁或深埋；树干绑草诱杀核桃瘤蛾；灯光诱杀成虫；药剂防治各种病害同上
8月	成熟前期	1. 排水 2. 叶面喷肥	1.8月雨水多，对低洼地容易积水的地方，应挖排水沟进行排水 2. 叶面喷肥：0.3%磷酸二氢钾1～2次，促进树体充实
		3. 病虫害防治	同7月
9月	果实采收期	1. 适期采收、采后加工处理 2. 修剪 3. 施基肥	1. 果皮由绿变黄，部分青皮开裂时采收，避免过早采收。采收后及时脱青皮，一般情况果实不需漂白，只用清水冲洗干净即可。洗后及时晾晒 2. 修剪，采果后进行修剪，对初果和盛果期树：培养主、侧枝，调整主、侧枝数量和方向，使树势均衡；疏除过密枝，达到外不挤，内不空，使内外通风透光良好，枝组健壮，立体结果。对放任树和衰老树：剪除干枯枝、病虫枝，回缩衰老枝，使树体及时更新复壮，维持树势 3. 施基肥，采果后进行，以有机肥为主，在树冠外围内侧环状挖沟（穴），或放射状沟，深50厘米，每株结果大树可施腐熟鸡粪20～50千克，与表土混匀施入，也可与秸秆混施，或粗肥100～200千克。施肥部位每2～3年轮换1次，根据土壤条件，可适当间歇
		4. 病虫害防治	1. 结合修剪，剪除枯枝或叶片枯黄枝或落叶枝及病果集中销毁 2. 注意腐烂病的秋季防治。方法同秋季防治

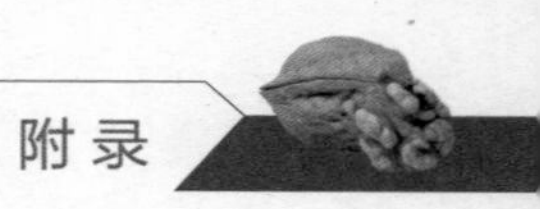

10月	落叶前期	1. 继续进行修剪和施基肥工作 2. 树干涂白	9月未做完施肥和修剪工作的园片要继续进行施肥和修剪工作，方法同9月
		注意大青叶蝉的防治	大青叶蝉于10月上旬至中旬降霜前后开始在核桃枝杆上产卵越冬，所以防治上应注意： 1. 产卵前树干涂白 2. 10月份霜降前喷4.5%高效氯氰菊脂1500倍液
11月	落叶后期	1. 秋耕 2. 清园 3. 浇防冻水	1. 秋耕深翻。将树盘下的土壤进行深翻（20～30厘米），有利于根系生长和消灭越冬虫茧 2. 清扫枯枝、落叶，集中烧毁或沤肥，消灭病虫害 3. 土壤上冻前浇防冻水
12月至次年2月	休眠期	1. 修剪 2. 幼树防寒 3. 继续清园 4. 种子沙藏 5. 采集贮藏接穗 6. 其他工作	1. 冬季修剪应尽量避开伤流期 2. 上冻后对幼树进行防寒。可采用埋土法或缠裹法 3. 继续进行清园工作，刮除粗老树皮，清理树皮缝隙 4. 翌年育苗播种的要进行种子沙藏 5. 采集树冠外围发育枝，采后蜡封，再在山洞或地窖中用湿沙埋住 6. 总结一年工作，交流经验；检修农机具，准备来年的生产资料

参考文献

1. 郗荣庭，张毅平．中国核桃．北京：中国林业出版社，1992.
2. 吴国良，段良骅．现代核桃整形修剪技术图解．北京：中国林业出版社，2000.
3. 张志华，王红霞，赵书岗．核桃安全优质高效生产配套技术．北京：中国农业出版社，2009.
4. 郝艳宾，王　贵．核桃精细管理十二个月．北京：中国农业出版社，2011.